파도가 자유롭게
헤엄칠 수 있게
BYE BYE
PLASTIC
BAGS

파도가

자유롭게

내가 버린 플라스틱부터 어선이 버린 폐그물까지,

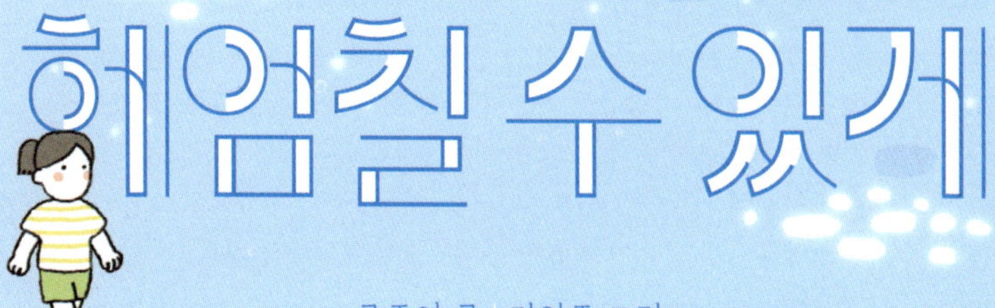

헤엄칠 수 있게

바다를 쓸고 닦는 십대 이야기

공주영 글 | 김일주 그림

주니어태학

일러두기

● 우리에게 익숙한 '물고기', '생선'이라는 말 대신 '물살이'라는 표현을 썼습니다. 이들을 생명으로 더 존중하기 위해서입니다. 다만, 등장인물의 대사나 글 흐름에 따라 필요한 경우에는 '물고기', '생선'을 써서 이해하기 쉽게 했습니다.

● 책에 등장하는 이사벨과 멜라티 위즌, 보얀 슬랫은 실제 인물이며 바다 쓰레기를 줄이기 위해 한 일은 사실을 바탕으로 썼습니다. 인물의 대화 같은 일부 내용은 이야기의 흐름에 맞춰 꾸며낸 내용입니다. 한국의 사례는 플로깅하는 다양한 청소년의 이야기를 모아 가상의 인물로 꾸몄습니다.

● 책명·잡지명·신문명은 《 》, 방송명·작품명 등은 〈 〉로 표기했습니다.

● 본문에 쓰인 대부분의 사진과 그림은 셔터스톡과 위키미디어 커먼즈에서 가져왔습니다. 다음 사진만 저작권을 표기합니다. 이와 저작권 있는 사진이 쓰였다면, 저작권자가 확인되는 대로 허락을 받고, 저작권료를 지불하겠습니다.

　- 국립수산과학원: 27쪽

　- 핫핑크돌핀스: 30쪽, 32쪽

《살아남은 세 개의 숲 이야기》를 쓰고 나서 1년이 조금 지났을 때, 출판사로부터 바다 환경에 관한 책을 써 보지 않겠냐는 제안을 받았어요. 저는 조금의 망설임도 없이 좋다고 했어요. 저에게는 바다가 아주 친근한 곳이니까요.

저는 스무 살이 되기 전까지 바다 근처 작은 도시에서 살았어요. 집 근처에는 크고 작은 배들이 가득한 선착장이 있었고요. 수산업이 활발한 도시인만큼 선착장은 아주 시끌벅적했어요. 바다에서 뭔가를 계속 잡아 오는 배들과 잡아 온 것들을 사고파는 사람들이 넘쳐났거든요.

초등학교를 다닐 때도 하교하면 친구들과 자주 선착장에 가서 놀기도 하고, 학교에서 소풍을 해수욕장으로 가기도 했어요. 이처럼 저에게 바다는 소중한 추억으로 가득한 장소예요. 바다가까이에서 자랐으니 하고 싶은 이야기가 정말 많았어요.

그런데 막상 바다 환경 이야기를 쓰려고 여러 책을 읽고 뉴스를 찾아보는 동안 가슴이 너무 답답했어요. 제가 알고 있던 것보다 지금의 바다는 훨씬 더 큰 위험에 처해 있었거든요. 아름다운 바다, 많은 것을 품고 있는 바다, 끝없이 많은 것을 내어 줄 것 같은 바다는 크게 변했어요. 어쩌면 제가 그동안 바다가 겪는 일에 대해 너무 무심했던 것 같아서 반성이 들 정도였지요. 이 책을 쓰는 도중에 몇 번이나 바다에 가곤 했는데, 전과는 다른 눈으로 바다를 볼 수밖에 없었어요. 잔잔해 보이는 바다 안에서 일어나는 일이 자꾸만 걱정이 되었거든요.

다행히도 바다를 위해 행동하는 정말 멋진 사람들이 있고, 그중에는 어린이와 청소년도 많았어요. 얼마나 멋진 행동을 했는지 저도 그들의 이야기를 찾아보며 감탄했어요. 이 책에는 바다를 살리기 위해 그들이 한 용감한 실천과 놀라운 아이디어가 나와요.

바다가 지금 얼마나 위험한지 조금은 알고 있겠지만 더 많이 관심을 가질 수 있도록 해양 생물들이 겪고 있는 이야기도 이 책에 담았어요. 해양 생물들이 처한 이야기 역시 모두 정말 일어났던 일이고 지금도 일어나고 있는 일이에요.

만약 책을 읽으며 바다에 대해 가지고 있던 여러분의 관심이 조금 더 커진다면, 바다를 살리는 첫걸음을 뗀 것이라고 생각해요. 관심으로부터 정말 많은 변화가 일어나니까요. 저의 관심과 여러분의 관심 그리고 우리가 이야기를 퍼트리는 동안 많아질 관심들이 바다가 더 위험해지지 않도록 도울 거예요.

2026년 1월

공주영

차례

1장 │ 어업의 비밀: "통발 때문에 다 죽게 생겼다고요!"

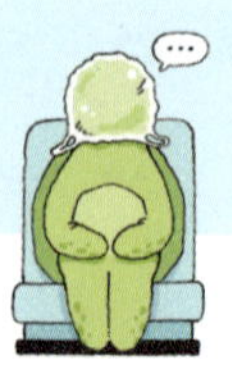

4장 | 쓰레기 섬을 청소한 십대: "바다 한가운데에 쓰레기 섬이 있다니까요!"

어업의 비밀:

"통발 때문에
다 죽게 생겼다고요!"

지구 곳곳 물살이들의 긴급회의

> ● 회의: 지구 바다 대책 회의
>
> ● 회의 주제: 우리는 앞으로 어떻게 살아야 하나
>
> ● 참석자: 사람에게 피해를 입은 해양 생물 누구나

의장 바다거북 먼바다에서 한반도 바다까지 와 주신 여러분에게 진심으로 감사 인사를 드립니다. 지금 지구 바다 이곳저곳에서 여러 가지 어려움을 겪는 해양 생물이 많은데요. 오늘은 바다에서 벌어지는 사람들의 먹이 사냥으로 우리 해양 생물들이 얼마

나 피해를 입었는지 서로 이야기하고, 앞으로 어떻게 이 어려움을 극복해 나가야 할지 의논하려고 합니다. 그럼, 의견이 있는 분 먼저 말씀해 주세요.

북대서양 대구 의장님, 제가 먼저 말 좀 하겠습니다. 사람들이 대구를 전부 잡아가고 있어요. 이러다가 지구 바다에서 우리 동족이 모두 사라질 지경입니다.

의장 바다거북 북대서양에서 오신 대구 님, 다른 해양 생물들도 알아들을 수 있게 설명해 주세요. 각자 겪는 상황이 달라 어떤 어려움을 겪는지 모를 수도 있으니까요.

북대서양 대구 제가 사는 북대서양은 한때 우리 대구가 주름 잡던 곳이었습니다. 이리 봐도 대구, 저리 봐도 대구라고 할 정도였죠. 그런데 사람들이 무시무시한 그물을 던지더니 우리를 싹쓸이하듯 잡아갔습니다. 어찌나 마구 잡아가던지 이제는 동족을 보기가 힘들 정도예요.

의장 바다거북 저도 사람들이 쓰는 그물이라는 건 좀 아는데, 대구를 잡아간다는 무시무시한 그물은 다른 건가요?

북대서양 대구 네. 우리 대구는 바다 바닥 가까이에서 사는 물살이예요. 사람들은 바다 바닥에 괴물 같은 그물을 던진단 말입니다. 이게 아주 고약하게도 깊은 바닥까지 싹싹 긁어 가요. 우리 대구를 많이 잡겠다고 그렇게 무시무시한 살상 도구를 바다에 던지

지구 바닷속
대책 회의
의 장

p
d

다니. 사람들은 정말 무자비하지 않습니까?

의장 바다거북 저도 사람들이 대구 종족을 하도 많이 잡아가서 도통 보기 힘들다는 말을 전해 들었습니다. 요즘엔 좀 어떠십니까?

북대서양 대구 한 30년 동안은 조용했죠. 사람들 사이에서도 바다에서 대구가 심각할 정도로 씨가 말라가니 더 잡지 말라는 발표가 있었던 모양입니다. 그런데 요즘은 다시 잡아도 된다고 한 모양인지, 그 무시무시한 그물을 또 던지고 있어요. 이러다가 대구가 정말 지구에서 사라지기라도 한다면 어쩌죠? 만약 없어진다면 전부 사람들 탓입니다. 북대서양 말고도 몇몇 바다에서 이미 대구 동족이 사라졌다는 말이 나오고 있다니까요.

북대서양 가오리 바닥을 싹쓸이하는 그물이라면 저도 할 말이 많습니다. 사람들이 대구나 참다랑어를 잡겠다고 바다 바닥에 그 그물을 던져놓는 통에 깊은 바닥에서 조용히 살던 우리 가오리들까지도 마구잡이로 잡히고 있어요. 우리 가오리는 성장하는 데 오랜 시간이 필요합니다. 낳는 새끼 수도 한 번에 겨우 한 마리에서 스무 마리 정도예요. 이런 우리를 그물로 싹 쓸어 가버리면 바다에서 가오리는 영원히 사라지겠죠. 우리뿐 아니라 홍어, 가자미, 넙치처럼 바다 바닥에 사는 물살이는 다들 대구 잡으려던 그물에 마구 잡힙니다. 게다가 사람들은 자기들이 잡으려던 물살이가 아니면 바다에 다시 버린다는 것도 정말 잔인하다고요.

 허어, 그거 참. 그러니까 일단 그물부터 던져놓고 잡히는 대로 끌어올렸다가 필요 없는 물살이는 그냥 버리는 식으로 어업을 하는군요. 운 없이 잡혔지만 풀려나기도 하니 그건 다행이라고 해야 하나요.

 그럴 리가요. 일단 그물에 잡히면 얼마 못 가 바로 죽습니다. 그러니까 죽은 채로 바다로 버려지는 거예요.

 마구 잡았다가 원하는 물살이가 아니면 죽든 말든 그냥 버리다니……. 거참, 사람은 왜 이런 식으로 먹이 사냥을 하는지 모르겠습니다.

 사람들은 몸이 큰 어른 대구뿐만 아니라 태어난 지 얼마 안 된 어린 대구까지 닥치는 대로 잡아가요. 정말 잔인하고 경우 없지 않습니까?

통발 때문에
못 살아!

의장 바다거북 네, 대구 님과 가오리 님이 얼마나 큰 어려움을 겪고 있는지 다들 함께 느끼리라 생각합니다. 물살이를 마구 잡는 그물 문제에 대해 들어 보았고요. 하와이 대표로 온 하와이몽크물범 님은 한국에서 바다 사냥을 하는 사람들에게 특별히 할 말이 있어서 참석하셨다고요?

하와이몽크물범 네, 제가 사는 하와이에서 요즘 괴사건이 자꾸 발생하고 있습니다. 바로 이 물건 때문이죠.

의장 바다거북 그게 뭡니까. 검은 모자인가요? 저는 처음 보는군요. 그 물건과 괴사건이 어떻게 관련이 있는 건지 설명을 해 주시죠.

하와이몽크물범 우리 하와이몽크물범은 하와이의 상징이라고 불리 정도로 하와이 주민들에게 사랑받는 동물입니다. 사람들은 우리가 곧 사라질지도 모른다며 멸종 위기종이라 불러요. 보호를 하겠다고 말은 했지만 우리 하와이몽크물범은 여전히 그물에 걸려 죽곤 합니다. 그물이 얼마나 무서운지 알기 때문에 다들 조심하고 있는데 이번엔 어이없게도 다른 사건이 일어나고 있습니다. 바로 이 고깔 때문에요!

의장 바다거북 고깔이요? 그 고깔이 하와이몽크물범에게 해로운 건가요?

하와이몽크물범 고깔이 무서운 건지도 모르고 가지고 놀다가 죽을 뻔한 일이 계속 벌어지고 있어요. 바다에서 못 보던 게 보이면 늘 조심하라고 경고하지만, 하여간 호기심 많은 하와이몽크물범은 꼭 있으니까요. 하필 이 고깔 크기가 딱 하와이몽크물범 입에 끼는 크기라는 게 문제입니다. 한번 입에 끼면 빠지지 않으니 먹이를 먹을 수 없어 굶어 죽기도 해요. 이 고깔을 바다에서 몰아내고 싶은데 도대체 어디서 온 건지 알아야 말이죠. 얼마 전에야 드디어 범인을 밝혀냈습니다. 하와이 주민들이 고깔을 빼내고 안을 들여다보니 한국어가 쓰여 있었어요. 그러니까 하와이 바다에 고깔을 버린 범인이 바로 한국, 이곳이란 말입니다.

의장 바다거북 한국에서 쓰는 이 검은 고깔이 어쩌다 하와이에…

…. 대체 이게 어디에 쓰는 물건이랍니까?

하와이몽크물범 수소문해서 알아보니 고깔의 정체는 장어를 잡을 때 쓰는 통발이라는 물건이라고 합니다. 줄에 매달려 있던 통발이 따로 떨어지면서 한국에서 하와이까지 흘러온 것인데, 그동안 하와이몽크물범 몇백 마리가 이 통발 때문에 죽었다고 하니 얼마나 황당한 일입니까?

의장 바다거북 너무 가슴 아픈 일이군요. 한국 바다에서 줄이 끊긴 통발이 몇천 킬로미터나 떨어진 하와이 바다까지 흘러가다니……. 한두 개도 아니고 말입니다.

하와이몽크물범 바다가 넓긴 하지만 바닷물은 흐르니까 어디까지

라도 갈 수 있지 않습니까. 제가 사는 태평양에는 바닷물이 시계 방향으로 아주 크게 도는 구역이 있습니다. 이러한 바닷물의 흐름을 '해류'라고 부른다던데, 이 해류 때문에 한국이나 일본, 중국 바다에서 쓰던 사냥 도구가 하와이로 많이 흘러 들어가지요. 사람들이 먹이 사냥을 하면서 마구잡이로 물살이를 잡아가는 것도 문제지만 이런 도구를 잘 관리하지 못하는 것도 정말 큰 문제입니다. 버려진 사냥 도구가 바다를 떠돌다가 애먼 해양 생물에게 피해를 주는 일이 너무 많아요. 오죽하면 우리 하와이몽크물범까지 그물에 걸려 죽겠습니까? 진짜 유령보다 무섭습니다. 공포 그 자체지요.

통발

통발은 해양 생물이 안으로는 쉽게 들어가지만 밖으로는 나오기 어렵게 만든 통 모양의 어구다. 문제는 통발이 바다에 버려지거나 끊어진 채 남아 있을 때 생긴다. 주인 잃은 통발은 '유령 어구'가 되어 계속해서 생물을 잡는다. 잡힌 생물은 결국 죽고, 그 사체를 먹으러 또 다른 생물이 들어오며 끝없는 포획과 죽음이 반복된다. 이 과정에서 어린 물고기나 보호종도 가리지 않고 희생되고, 통발에 붙은 플라스틱과 그물은 산호와 해저를 훼손해 해양 생태계 전체를 조용히 망가뜨린다.

스리랑카 향고래 어디 버려진 사냥 도구만 유령 같은 줄 아십니까? 제 친척은 바다에 떠도는 그물과 밧줄이 먹이인 줄 알고 먹다가 그만…….

의장 바다거북 스리랑카에서 온 향고래 님. 친척이 어떻게 됐다는 겁니까?

스리랑카 향고래 참혹하게도 친척은 뱃속에 이상한 것들이 가득 차서 죽었어요. 그것도 새끼를 배고 있는 어미 향고래였단 말입니다. 왜 향고래가 죽어서 해변에 떠밀려 왔는지 사람들이 배를 갈라 보니 그 안에 사람들이 버린 그물, 밧줄, 통발 같은 것들이 가득 차 있었다고 하더군요.

모두 소리 높여 사람들은 정말 너무해요!

의장 바다거북 휴, 대책을 마련하려고 만났는데, 우리 해양 생물끼리는 아무리 이야기해도 답이 안 나오겠군요. 문제는 바닷속에 있는 우리가 아니라 바다 바깥에 있는 육지 동물인 사람들이니까요. 이런 상황이 계속되면 우리 모두 바다에서 살지 못하는 날이 곧 올 수도 있겠네요.

북대서양 대구 의장님, 그럼 우리는 어디로 가야 하나요?

스리랑카 향고래 그냥 우리 모두 바다를 떠납시다. 엉망진창이 된 바다에는 사람들이 살라고 하고, 우리는 다른 세상으로 가는 거죠.

 그런 곳이 있을까요? 우리 해양 생물들이 사람들 없이 평화롭게 살 수 있는 다른 곳 말입니다.

 찾아봐야겠죠. 어차피 계속 이 지경이라면 우린 더 이상 지구 바다에 살 수 없을 테니까요. 다음 회의에서는 우리가 떠날 곳을 함께 모색해 보고, 사람들을 이 더러워진 바다로 보낼 방법에 관해 이야기해 보도록 합시다. 한반도 제주 바다까지 와 주신 여러 해양 생물 여러분께 다시 한번 감사드립니다.

바닥까지 싹싹, 저인망 어업

어업은 바다에서 수산물을 잡거나 기르는 산업이다. 사람들은 어업을 하면서 원하는 식량을 바다에서 구하려다 바다를 오염시킨다. 최근 바다 환경과 생태계에 가장 큰 피해를 주는 어업은 '저인망 어업'이다.

저인망 어업은 묵직한 그물을 이용해 바다 바닥을 긁으면서 해양 생물을 포획하는 어업 방식이다. 주로 가자미류와 넙치류, 청어처럼 바다 바닥에서 서식하는 물살이들을 잡는 데 쓰인다. 최대 10킬로미터에 달하는 거대한 그물을 바다 밑바닥으로 던져 끝부분을 질질 끌고 다니며 바닥에 사는 물살이를 잡아들인다. 이 방식은 잡으려던 물살이가 아닌 다른 해양 생물까지 마

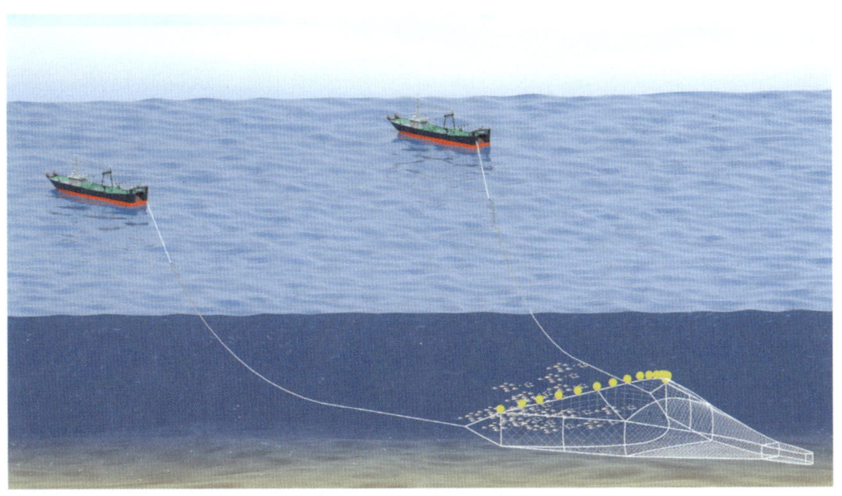

쌍끌이 기선 저인망(위)과 외끌이 기선 저인망

구 잡아들인다는 것이 문제다 이렇게 원래 잡으려고 했던 어종이 아닌 다른 해양 생물까지 잡는 것을 '부수 어획'이라고 한다.

그물에 잡힌 해양 생물은 배 위로 끌려갔다가, 쓸모없다고 여겨지면 다시 바다에 버려진다. 다시 바다에 돌아간다고 해도 살아남을 가능성은 매우 낮다. 한 번 수면으로 올라온 해양 생물은 산소가 적어서 죽거나, 그물에 긁혀 심하게 다친 상태이기 때문이다. 느리게 성장하고 늦게 번식하는 어종은 부수 어획 때문에 멸종 위기까지 겪고 있다.

부수 어획은 바닥에 사는 물살이만 겪는 문제가 아니다. 바다거북, 돌고래, 상어, 바닷새 등도 피해를 입는다. 바다거북은 숨을 쉬려고 수면으로 올라가다가 그물에 걸린 채 숨이 막혀 죽는다. 비슷한 피해를 입는 돌고래도 개체 수가 많이 줄어들고 있다. 상어 역시 그물에 자주 걸리는데, 이미 전 세계 상어종의 3분의 1가량이 부수 어획 때문에 사라질 위기에 처해 있다. 부수 어획으로 잡히는 바닷새로는 앨버트로스, 슴새, 바다제비 등이 있으며 2013년부터 2018년까지 5년 동안 뉴질랜드 해역에서 부수 어획으로 잡힌 바닷새는 천 마리가 넘는다.

바다를 망치는 폐어구

　어업 활동에 쓰이는 어구가 바다에 버려지거나 방치되면서 해양 생물을 죽게 하는 것을 '유령어업'이라고 한다. 그물이나 통발뿐 아니라 어망이나 밧줄, 낚시 도구 같은 것들 모두 바다를 떠돌며 해양 생물을 위협하는 어구다. 이러한 버려진 어구를 '폐어구'라고 부른다.

　옛날에는 삼이나 대마처럼 자연에서 얻은 섬유로 그물을 만들었는데, 그물 하나를 만드는 데 시간이 많이 걸리기 때문에 그물이 망가지면 고쳐서 썼다. 하지만 공장에서 대량 생산하는 플라스틱 그물이 나오면서 사람들은 그물이 망가지거나 쓸모없어지면 죄다 바다에 버렸다. 플라스틱으로 만든 다른 어구의 처지도 마찬가지다. 망가지지 않는 어구도 바다에 버리는 경우가 허다하다. 배에 플라스틱 어구를 놓을 자리에 어획물을 싣는 것이 훨씬 이득이기 때문이다.

　폐어구 때문에 피해를 보는 대표적인 해양 생물은 바다거북과 돌고래다. 제주 앞바다에서 살고 있는 남방큰돌고래는 그물에 꼬리지느러미가 걸려 잘리기도 하고, 낚싯줄이 꼬리에 걸리기도 했다. 대표적인 예로 제주 남방큰돌고래 '종달이'는 얼굴부터 꼬리까지 낚싯줄에 얽히고설켜 꼬리지느러미를 거의 움직이

폐어구로 다치는 해양 생물들
① 남방큰돌고래
② 이라와디돌고래
③ 붉은바다거북
④ 괭이갈매기
⑤ 산호초

낚싯줄에 걸려 괴로워하는 제주 남방큰돌고래 종달이

지 못한 채로 발견되었다. 낚싯줄 일부를 제거하고 풀어 주었지만 구조 작업 이후 종달이의 행적을 찾지 못해 사망했다고 추정하고 있다.

미소 짓는 듯한 얼굴 때문에 '웃는 돌고래'라 불리는 이라와디돌고래도 멸종 위기종이다. 별명과 달리 그들의 현실은 참혹하다. 사람들이 쳐놓은 어망에 걸려 목숨을 잃는 일이 끊이지 않기 때문이다. 2023년, 인도네시아의 한 해변에서도 플라스틱 쓰레기 더미에 뒤덮인 채 죽은 이라와디돌고래가 발견되었다.

제주 해변에서도 멸종 위기종인 붉은바다거북이 버려진 그물에 목이 감겨 죽은 채로 발견되었다. 제주에서는 폐그물에 걸린 바다거북이 자주 발견되었던 터라, 해양경찰이 구조해 그물을 잘라서 다시 풀어 주곤 한다. 그러나 치료를 받으러 가는 도중에 죽는 바다거북도 있다.

해안가나 바다 수면에서 먹이를 잡는 괭이갈매기 같은 바닷새는 낚싯줄과 낚싯바늘 때문에 피해를 입는다. 부리에 낚싯줄이 감기기도 하고, 낚싯바늘을 잘못 삼킨 탓에 먹이를 먹을 수 없어 죽기도 한다. 사람들이 사용한 낚시 도구를 잘 챙겨가지 않고 버려서 벌어진 일이다.

산호초도 유령어업으로 죽어 가고 있다. '바다의 열대우림'이라고 불리는 산호초는 산호충의 분비물이나 탄산 칼슘이 퇴적되어 만들어진 암초로, 많은 물살이와 해양 생물이 숨기도 하고 자라기도 하는 곳이다. 조사에 따르면, 인도양과 태평양 그리고 대서양을 비롯한 25개 지역의 산호초 84곳 가운데 77곳이 이미 플라스틱 오염을 겪고 있는 것으로 나타났다. 오염된 산호초에서 발견된 플라스틱은 비닐이나 페트병도 있지만 75퍼센트 이상이 어망, 그물, 낚싯줄 같은 폐어구다.

폐어구는 해양 생물을 죽이기도 하지만, 사람들에게도 치명적인 피해를 입힌다. 바다에 떠도는 그물과 밧줄이 항해하는 선박의 프로펠러에 감겨 사고를 일으키기 때문이다. 1993년, 우리

죽음의 바다

산소가 부족해서 해양 생물이 살 수 없는 바다를 죽음의 바다라고 부른다. 대표적인 지역은 멕시코만, 발트해가 있고 한국의 서해안도 포함되어 있다. 죽음의 바다는 무분별한 어업 활동이나 플라스틱 오염 같은 다양한 문제로 인해 만들어진다. 사진은 미국 미시시피강의 오염으로 산소가 부족해져 죽음의 바다가 되어가는 멕시코만.

나라 서해에서 발생한 페리호 침몰 사고도 바닷속에 있던 폐그물이 프로펠러에 감겨 움직일 수 없는 상태에서 높은 파도를 만나 배가 뒤집힌 사고다.

마구 잡는 어업이 일으키는 기후 위기

해저면은 지구에서 가장 많은 탄소를 품고 있는 곳이다. 저인망 어업으로 해저가 긁히면, 그 안에 잠들어 있던 탄소가 물속에 떠오른다. 이 탄소는 바닷속에서 여러 생물과 화학 작용을 거쳐 이산화탄소가 되고, 그중 약 60퍼센트는 결국 대기 중으로 나가 지구를 뜨겁게 만든다. 저인망 어업은 바다 환경을 위협할 뿐 아니라 지구 전체의 기후 위기를 키우는 원인이다.

해마 씨는
괴로워

지중해 주름문어 안녕하세요, 구독자 여러분! 바닷속에서 일어나는 신기한 사건이나 인물을 찾아다니는 〈해저에 이런 일이〉의 옥토입니다. 저는 몸의 색을 이리저리 바꾸는 변신술을 아주 잘하는데요. 지중해 주름문어여서 그렇다는 것을 여러분도 잘 아실 거예요. 사람들에게 사진을 자주 찍히는 저조차 한 번도 받지 못한 상을 받은 스타 해양 생물이 있다고 해서 찾아와 봤습니다. 바로 여기 그리스 북부 에게해에 사는 멋쟁이 해마 씨인데요. 안녕하세요, 해마 씨, 먼저 저희 채널 구독자분들께 인사를 부탁드리겠습니다.

해마 네, 안녕하세요. 유명한 인플루언서인 옥토님을 이렇게 만

나다니 몸 둘 바를 모르겠네요. 몸집도 작고 수영도 잘 못하는 제가 멋쟁이라니. 이런 칭찬은 처음 받아 봅니다. 참, 그리고 주변에서 자꾸 오해하는데 상은 제가 받은 것이 아니라 사진을 찍은 사람이…….

지중해 주름문어 상을 누가 받은 게 뭐 중요합니까? 해마 씨를 찍은 사진이 상을 받았다는 게 대단한 거죠! 아무래도 해마 씨 꼬리에 달고 있는 하얀 물체가 사람들 눈에도 멋져 보이는 거 아닐까요? 도대체 어떻게 꼬리에 그런 기묘하게 생긴 것을 달고 다니게 되었나요?

해마 아, 제 꼬리에 있는 이거요? 사실 저도 이 이상한 게 왜 제 꼬리에 붙었는지 잘 모르겠습니다. 어느 날 갑자기 제 꼬리를 휘감더군요.

지중해 주름문어 그게 혹시 날개 아닐까요? 가마우지나 갈매기가 먹이를 잡으러 바다로 내려올 때 펄럭이는 걸 날개라고 부르지 않습니까. 제가 보기에는 해마 씨가 달고 있는 것과 비슷해 보이기도 합니다.

해마 그건 아닐 겁니다. 날개라면 제가 더 힘차게 수영하거나 하늘을 날아야 할 텐데 이건 오히려 거추장스럽기만 하거든요. 어쨌든 이게 제 꼬리에 붙는 바람에 불편하기 짝이 없습니다.

지중해 주름문어 불편하다고요? 그런 생각은 못했군요.

해마 그게 말입니다. 원래 해마는 이빨도 없고 위장도 없어서 먹이를 먹자마자 몸 바깥으로 빠르게 내보냅니다. 그러다 보니 늘 배가 고프죠. 어쩔 수 없이 계속 뭔가를 먹어야 하는데 수영을 잘 못하니까 먹이를 쫓아다니기보다는 그냥 먹을만 한 게 가까이 올 때까지 기다립니다. 주로 해초나 산호에 꼬리를 말고 기다리죠. 그런데 어느 날 갑자기 이게 꼬리에 붙어서 해초나 산호에 꼬리를 말 수가 없어요. 제힘으로 떼어내려고 해도 안 떨어져 지쳐 있던 참에 검은 옷을 입은 사람이 갑자기 나타났지 뭡니까? 그 사람도 제가 이상한지 이리저리 한참 사진을 찍더니만 이걸 떼어내 주었죠.

지중해 주름문어 네? 사람이 이걸 떼어줬다고요? 그럼 지금 달고 있는 건 뭐죠?

해마 그게 참, 저도 미칠 지경입니다. 처음에 이 정체 모를 것이 떨어져 나가고 정말 살 것 같았죠. 신이 나서 오랜만에 잘하지도 못하는 수영을 신나게 했단 말입니다. 이리저리 바닷속을 떠돌며 자유를 만끽하고 있는데 제 꼬리에 달려 있던 것하고 똑같은 녀석이 또 주변에서 헤엄치고 있었어요. 이번엔 절대 걸리지 말아야지 하고 피하려는데, 제가 빠르지 못해서 그만…….

지중해 주름문어 아니, 이번이 두 번째란 말입니까?

해마 기가 막힐 노릇이죠. 안 그래도 수영을 잘하지 못하는데 제 몸보다 큰 이걸 달고 다니려니 정말 움직이는 게 너무 힘듭니다.

지중해 주름문어 이곳은 해마들이 집단으로 모여 사는 곳 아닙니까? 해마 씨 친구나 가족도 있을 텐데요. 같은 해마들이 그걸 떼어내는 데 도움을 주지 못하나요?

해마 그게 말처럼 쉽지가 않습니다. 사람은 손이라는 게 있어서 제 꼬리에서 이걸 떼어낼 때 순식간이었거든요. 해마끼리는 아무리 여럿이서 용을 써도 떼어낼 수가 없어요. 그래도 저는 나은 편이죠. 소문을 들어 보니 이것 때문에 죽은 해양 생물도 있다고 하던데요.

지중해 주름문어 네? 그건 처음 듣는 말이군요. 이게 해양 생물을 공격합니까?

해마 저는 이게 꼬리에 걸렸지만, 다른 바다에서는 이 안에 몸이 갇혀 어느 복어가 죽었다고 들었어요. 또 이걸 잘못 삼키는 바람에 죽은 펭귄도 있다고 하고요. 어쩌다 이런 게 바다에 돌아다니게 되었는지 참…….

지중해 주름문어 그렇군요. 하긴 지난주에 다른 인플루언서가 사람 손 모양을 한 물체에 갇혀 죽은 물살이 가족을 만난 영상을 올렸는데요. 정말 처참하더군요. 요새는 정체를 알 수 없는 낯선 육지 물체가 바다로 많이 이주해 와서 저도 뭐가 뭔지 알 수가 없더라고요.

해마 옥토님도 조심하세요. 사람들이 쓰던 물건에 무서운 병균이 묻었을 수도 있으니까요.

지중해 주름문어 네? 사람 병균을 묻혀 오기도 한다는 겁니까?

해마 얼마 전, 육지로 잡혀갔다가 바다로 돌아온 해마가 있어요. 그 친구에게 이 물건 이야기를 얼핏 들은 적이 있습니다.

지중해 주름문어 잠깐만요! 사람에게 잡혀서 살아 돌아온 해양 생물이 없다고 들었는데 대단한 친구네요. 나중에 한 번 만나서 육지 세상 이야기를 들어야겠군요. 그건 그렇고, 해마 씨 친구가 뭐라고 하던가요?

해마 친구도 다시는 바다에 못 돌아올 뻔했죠. 사람들이 많이 오가는 큰 수조에 갇혀서 '이제 나는 여기서 죽겠구나' 싶었대요. 며칠이 지나 한 어린 사람이 수조에 갇힌 자기를 데리고 나왔다는 겁니다. 무슨 일이 또 일어날까 조마조마했는데 글쎄 그 어린 사람이 제 친구를 바다에 데리고 가 풀어 줬다지 뭡니까. 모든 생물이 그렇듯이 사람 중에서도 어린 사람이 그나마 양심이 있어요. 암튼 그때 친구가 제 꼬리에 달린 물건을 사람들이 어떻게 사용하는지 봤다는 거예요.

지중해 주름문어 대체 어디에 쓰는 물건이라는 겁니까?

해마 그걸로 얼굴을 덮었다고 하더군요. 눈만 빼꼼하게 내놓고 코와 입을 덮었다지 뭡니까.

지중해 주름문어 아하! 이게 그러니까 사람들이 얼굴 덮는 데 쓰는 물건이군요. 그런데 왜 이런 걸로 얼굴을 가려야 하는 걸까요?

해마 육지 사람들은 별별 물건을 다 만들어 내니까, 이걸 얼굴에 덮는 이유도 있겠죠. 친구 말로는 뭔가 찜찜하다더군요. 사람은 코나 입으로 숨을 쉰다고 하는데요. 그걸 덮던 게 제 꼬리에 달린 걸 보고 질색을 하더군요. 요새는 제 근처에 잘 오지도 않습니다. 육지 병균을 옮을까 봐서요.

지중해 주름문어 육지에는 별별 병균이 있다고 들었습니다. 육지에 사는 여러 동물이 한꺼번에 병균에 옮아 큰 고생을 종종 한다

죠. 바로 얼마 전엔 박쥐라는 새가 사람에게 무슨 병균을 옮겼다던데요. 육지에 사는 동물들은 병균에 약한 거 같더군요. 그런 병균이 우리 바다에 올 수도 있다는 생각만 해도 오싹합니다.

해마 친구도 그 소문을 들은 터라 제가 육지 물건을 달고 다니는 게 무서웠나 봅니다. 저라고 원해서 달고 다니는 것도 아닌데 말입니다.

지중해 주름문어 그건 그렇고 사람 얼굴에 있어야 할 게 어쩌다가 여기 멀리 바다까지 왔을까요?

해마 그러니까요. 사람이란 종족은 도무지 물건 간수를 잘 못하나 봅니다. 육지에서 별별 물건이 바다로 오니까요. 육지 물건은 당최 물에 녹지도 않고 사라지지도 않고 바다를 떠돌아요. 정체 모를 육지 물체가 계속 늘어나면 저처럼 피해를 입는 해양 생물도 늘어날 텐데 걱정입니다.

지중해 주름문어 해마 씨가 겪은 피해는 다른 해양 생물에게도 이롭진 않겠네요. 모두 주의하라고 알려야겠어요.

해마 네, 주변에 많이 알려 주세요. 제가 나온 영상을 보고 바다에 사는 다른 해양 생물들도 잘 피해 다니길 바랍니다.

지중해 주름문어 제가 잘 방송해 보겠습니다. 이곳 바다에 사진으로 큰 상을 받은 멋쟁이 해마 씨가 있다고 해서 인터뷰하러 나왔는데 제가 뭘 몰라도 아주 몰랐습니다. 이렇게 불편하신 줄도 모르고……. 움직이기 힘들 텐데 인터뷰에 응해 주셔서 감사하고요.

해마 괜찮습니다. 모르고 찾아오신걸요. 혹시 이 채널을 사람들도 볼까요?

지중해 주름문어 음, 사람들이 보기는 쉽지 않을 텐데요. 혹시 모르죠. 사람이란 존재가 워낙 유별나서 별별 곳을 다 들여다보니까요. 만약 본다면 전하고 싶은 말이 있나요?

해마 제 사진을 찍은 검은 옷 입은 사람이 다시 내려와 꼬리에 달린 이걸 한 번 더 없애 준다면 고맙겠고요. 쓰던 물건을 잘 챙겨서 바다에 흘리지 않기를 부탁드립니다.

지중해 주름문어 알겠습니다. 그 말씀도 제가 꼭 넣도록 하지요. 오늘은 육지에서 온 정체 모를 물체로 힘들어하는 해마 씨를 만나 보았습니다. 옥토의 〈해저에 이런 일이〉는 더욱 기막힌 해저 소식으로 또 찾아오겠습니다.

플라스틱은 어떻게 바다를 망칠까?

코로나19 바이러스가 퍼지기 시작한 2019년 말부터 마스크를 비롯한 수많은 방역 제품이 세상에 쏟아져 나왔다. 코로나19 바이러스는 주로 호흡기를 통해 전염되기 때문에 전 세계 사람들은 매일 어느 곳에서나 마스크를 써야만 했다. 사람들은 하루에 하나씩 새 마스크를 사용했고, 어느새 어마어마한 양의 마스크가 버려지게 되었다. 홍콩 바다 환경 보존 단체인 '오션스아시아'가 발표한 보고서에 따르면, 2020년 한 해에만 약 15억 개의 마스크가 바다로 흘러 들어갔다고 한다.

바다를 떠도는 마스크는 해양 생물의 삶을 위협하고 있다. 해마도 위협을 받는 해양 생물 중 하나다. 그리스 북서부에는 해마가 모여서 사는 서식지가 있다. 그리스 사진작가 니코스 사마라스는 그곳에서 꼬리에 마스크가 걸린 해마를 발견했다. 사마라스는 사진을 찍고 해마 꼬리에 걸린 마스크를 빼냈다고 한다. 그러나 이런 기회를 잡지 못한 해양 생물은 훨씬 많다. 네덜란드에서는 코로나19 방역 장비 중 하나인 라텍스 장갑에 끼여 죽은 물살이가 발견되었고, 브라질에서는 마스크를 삼키고 소화기관이 막혀 굶어 죽은 펭귄이 발견됐다.

방역 용품은 주로 플라스틱의 한 종류인 폴리프로필렌PP으로 만들어진다. 마스크를 포함한 플라스틱 방역 용품 등은 바다에 들어와 서서히 분해되어 미세 플라스틱으로 분해된다.

마스크 이외에도 음식을 배달하거나 포장하는 사람이 늘면서 일회용기와 비닐봉지 같은 플라스틱 쓰레기도 늘었다. 2021년 11월에 미국 국립과학원회보PNAS에 실린 연구 결과에 따르면 코로나19 시기 동안 전 세계에서 만들어진 플라스틱 쓰레기 중에서 2층 버스 2000대 이상에 해당하는 2만 5900톤의 플라스틱 쓰레기가 바다에 흘러 들어갔다.

바다 바깥에서 일어난 전염병으로 늘어난 플라스틱 쓰레기가 바다로 흘러 들어간 것은 단순한 쓰레기 문제가 아니다. 해양 플라스틱 쓰레기 때문에 바다에 사는 다양한 생물이 얽혀 죽거나 다치는 사고가 계속 일어나고, 해양 생물들이 계속 살아가야 할 삶의 터전이 망가지고 있다.

마스크를 문 어린 갈매기

미드웨이섬 앨버트로스의
비밀 일기

내가 사는 곳은 하와이 미드웨이섬, 앨버트로스들이 평화롭게 어울려 사는 곳이다. 나는 이곳에서 태어나 짝을 만나 아기를 낳았다. 이번 출산이 첫 출산이었다. 알을 깨고 소중한 아기가 세상에 나왔을 때는 정말 눈물이 나올 뻔했다.

앨버트로스는 태어나서 6개월가량은 부모가 주는 먹이를 먹으며 자란다. 부모 곁에서 따뜻한 보호를 받은 뒤, 날 수 있게 되면 바다로 떠난다. 내 아기도 당연히 둥지를 떠나 멋지게 하늘을 나는 앨버트로스가 될 줄 알았다. 하지만 이제 아기는 내 옆에 없다. 나는 매일 혼자 미드웨이섬을 떠돈다. 내가 왜 혼자가 되었는지, 그 슬픈 사연을 일기로 공개한다.

푸른 바다는 많은 것을 품고 있다. 오늘도 나는 힘차게 날아 아기가 좋아하는 날치 알을 찾으러 바다 위를 맴돌았다. 날치 알은 주로 수초나 돌 위에서 찾을 수 있다. 나는 멀리서도 날치 알이 보이면 곧잘 내려가 부리로 낚아 올렸다.

다행히도 오늘은 날치 알을 꽤 많이 잡을 수 있었다. 아기에게 먹이를 줄 때는 부모가 먼저 소화를 시킨 다음, 토해서 아기 입에 넣어야 한다. 부모 뱃속에 먹이를 보관했다가 아기에게 주면 따뜻하고 편하게 먹을 수 있다.

먹이를 먹는 아기를 보고 있으면, 먹이를 구할 때 힘들었던 것도 전부 잊는다. 그 모습을 보려고 둥지로 날아가다 보면 마음이 급해진다.

아기 앨버트로스는 태어나고 한 달 정도 지나면 날개 깃털이 나고 몸도 가눌 수 있다. 먹이를 먹고 무럭무럭 자랄 아기를 생각하면 둥지로 날아가는 날개가 가뿐해진다.

♡ 아기가 태어난 지 60일째

어느새 아기 체중이 많이 늘었다. 이럴 때일수록 먹이를 잘 먹여야 한다. 아기에게 줄 먹이를 구해 오는 동안, 나와 짝은 한 팀처럼 움직인다.

우리는 둥지에서 아기를 지키는 역할과 먹이를 구해 오는 역할을 번갈아 맡기로 했다. 오늘은 내가 먹이를 구해 올 차례다. 아침부터 몇 번이나 바다 위를 빙빙 돌았다. 가끔 다이빙을 해서 먹이를 잡기도 하지만 대부분은 낮게 날다가 물 위에 떠오

른 먹이를 잡았다.

바다 표면을 지켜보다가 먹이가 보이면 재빠르게 돌진한다. 오늘 잡은 먹이는 오징어, 새우, 정어리다. 먹이를 삼키고 아기에게 가는 동안, 해변에서 처음 보는 빨간 먹이를 발견했다. 작은 오징어일까, 날치 알이 나뭇잎에 붙은 걸까. 뭔지 모르지만 먹음직해 보여서 꿀꺽 삼켰다. 빨간색은 뭐든 맛있는 것일 테니까.

♡ 아기가 태어난 지 120일째

앨버트로스는 태어나고 5개월이 지나면 어른 앨버트로스처럼 먹이를 토한다. 우리 아기는 아직 5개월이 채 되지 않았는데도, 어젯밤 무언가를 토하려는 듯이 꿱꿱거렸다. 애를 썼지만 정작 아무것도 토해 내지 못했다.

아기는 간밤에 너무 용을 쓴 모양인지 아침이 되었는데도 힘이 없었다. 걱정이 되어 먹이를 구하러 나가도 될까 고민하다 결국 둥지 바깥으로 나섰다. 바다를 한참 뒤지며 날치 알을 찾아다녔다. 기운이 없어 보이는 아기에게 날치 알을 먹이면 힘을 내지 않을까 싶었다.

한참 바다를 돌던 중 마치 나를 기다렸다는 듯 바위 위에 놓인 날치 알 덩어리를 찾아냈다. 무언가 뾰족한 조각 위에 날치 알이 올라가 있어 의심했지만 급한 마음에 조각까지 함께 꿀꺽 삼켰다. 나는 그토록 원하던 날치 알을 삼키자마자 둥지로 돌아갔다.

♡ 아기가 태어난 지 130일째

아기는 며칠째 움직이지도 못하고 축 늘어져 있었다. 뭔가 토할 것처럼 콜록거렸지만 결국 아무것도 토해 내지 못했다. 짝 역시 기운이 없었다. 짝은 며칠 전, 해변에서 앨버트로스 친구들이 빨간 먹이와 파란 먹이를 먹는 것을 보며 맛있어 보이길래 자기도 잔뜩 먹고 왔다고 했다. 그날부터 배가 아프다더니 지금까지 기운을 차리지 못했다. 나도 지난번에 먹은 빨간 먹이를 몇 번 더 먹었는데 그 뒤로 배가 콕콕 쑤셨다.

그래도 아기에게 줄 먹이를 구하러 가야 하니 기운을 냈다. 막 바다로 나가려는데, 이웃 갈매기가 찾아왔다. 요즘 이곳 바닷가로 떠밀려 오는 괴상한 물체들을 조심하라고 주의를 주었다. 먹이인 줄 알고 먹었다가는 큰일이 나는 무시무시한 것들이 바닷가에 잔뜩 쌓여 있다고 했다. 내가 먹은 빨간 먹이도 혹시 그런 것인가 싶었지만, 잘못 먹은 것쯤으로 무슨 일이 있을까 싶은

마음에 크게 걱정하지 않았다. 앨버트로스는 60년을 사니까 어지간한 위험은 끄떡없이 이겨낸다. 이번에도 별일 없겠지.

♡ 아기가 태어난 지 140일째

오늘은 짝이 먹이를 구하러 나가는 날이지만 짝 대신 내가 바다로 나갔다. 아침에 짝이 일어나려고 하다가 털썩 쓰러졌기 때문이다. 기운이 없는 아기와 몸이 안 좋은 짝을 두고 나가려니 기분이 좋지 않았다. 오늘은 신선한 오징어를 잡아 짝과 아기에게 주려고 다른 때보다 더 열심히 돌아다녔다.

♡ 아기가 태어난 지 149일째

어제 아기는 먹이를 전혀 받아먹지 못했다. 입에 넣어 줘도 바로 뱉어 냈다. 눈도 제대로 뜨지 못하고 처져 있는 모습이 너무 안쓰럽다. 어떻게 해야 기운이 날까. 오늘은 나도 먹이를 구하러 나갈 힘이 없다. 아기가 먹이를 받아먹지 못해서 온종일 나도 짝과 아기 옆에서 내내 함께 있었다.

♡ 아기가 숨을 쉬지 않는 날

믿을 수가 없었다. 몇 번이나 둥지에 머리를 박고, 꽥꽥 소리 내어 울거나 부리로 흔들어도 아기가 깨어나지 않았다. 아기가 눈을 뜨지 않다니. 내장이 전부 찢어질 듯 고통스러웠다.

아기는 어젯밤까지만 해도 내 품에 파고들었다. 힘이 없긴 했지만 가냘프게 숨 쉬며 내 품에서 잠들었다. 대체 무슨 일이 일어난 것일까. 짝은 숨을 색색거리며 나와 함께 울었다. 딱 봐도 몸 상태가 좋지 않아 보였지만 나는 짝을 챙길 힘이 없었다. 축 늘어진 아기를 보는 것이 너무 괴로워 아무것도 할 수 없었다.

♡ 아기가 숨을 쉬지 않은 지 2일째

나는 온종일 둥지 위를 맴돌았다. 눈을 감은 아기를 두고 먹이를 구하고 싶지 않았다. 아무것도 먹지 못했는데 배가 고프지 않았다. 아기 옆에 쓰러져 있는 짝에게 먹이를 구해다 줘야 했지만 나는 그저 둥지 근처를 맴돌 수밖에 없었다.

누가 아기를 다시 숨 쉬게 해 줄 수는 없을까. 나는 가끔 섬에 찾아와 바닷새나 거북이를 구하는 사람을 떠올렸다. 그래, 사람이라면 우리 아기를 다시 일어나게 해 줄지도 모른다. 나는 사람이 우리 둥지를 보길 바라며 꽥꽥 소리를 내면서 둥지 위를 빙빙 돌았다.

♡ 아기가 숨을 쉬지 않은 지 7일째

기적이 일어난 것일까. 섬에 사람이 찾아왔다. 그들은 해변에 쌓인 괴상한 물체들을 살피고 있었다. 나는 사람들 머리 위에 가서 신호를 보냈다. 빨리 우리 아기에게 한번 가 보라고, 가서 제발 다시 눈을 뜨게 해달라고.

내 말을 이해한 것인지 사람들이 둥지가 있는 쪽으로 움직였다. 둥지에 있는 아기를 발견한 사람들이 서로 말을 주고받았다. 둥지에서 아기를 꺼내자 힘없이 늘어져 있던 짝이 날개를 푸드덕거리며 막다가 이내 힘없이 쓰러지고 말았다.

사람들은 아기를 데리고 어디론가 갔다. 혹시 아기의 건강을 되찾을 수 있을까 싶어 그 뒤를 조심스럽게 따라갔다. 사람들은 아기를 어딘가에 눕히더니 입을 열어 속을 살폈다. 곧이어 아기의 배를 갈라 이상한 물체들을 꺼냈다. 날치 알이 올라가 있었던 조각, 빨간 먹이, 정체를 알 수 없는 둥근 것……. 혹시 아기가 저것들 때문에 숨을 쉬지 못했던 걸까. 그럼 저것들을 꺼냈으니 아기는 이제 일어날까. 기다렸지만 아기는 눈을 뜨지 않았다.

♡ 아기가 섬을 떠난 지 3일째

사람들이 아기를 데리고 사라진 후, 아직도 소식이 없다. 혹시나 아기가 다시 살아나 돌아올까 봐 나는 종일 둥지를 떠나지도 못했다. 짝도 나도 긴 시간 아무것도 먹지 못한 채 버티기만 했다. 움직이지 못하는 짝을 위해서라도 내가 먹이를 구하러 나가야 하는데…….

♡ 아기가 섬을 떠난 지 7일째

짝은 여전히 둥지에 누워 있고 나는 바다 주변을 빙빙 돌았다. 먹이를 구해야 하는데 아기 뱃속에서 나온 물체들만 생각하다 하루를 다 썼다. 나는 내 부모가 그랬듯이 저기 저 푸른 바다에서 아기에게 줄 먹이를 가져다준 것뿐인데, 어째서 아기 뱃속에서 소화되지 않은 것들이 잔뜩 나온 걸까. 나는 여전히 이해할 수 없었다.

♡ 아기가 섬을 떠난 지 10일째

짝의 상태는 여전히 좋지 않다. 아기가 떠나고 짝은 더 나빠지기만 했다. 짝도 아기처럼 몸을 축 늘어뜨린 채 둥지에서 일어나지 못했다. 나는 겨우 정신을 차려서 짝에게 먹이를 구해다 주고 있지만 짝은 내가 준 먹이를 먹고 바로 토해 냈다.

♡ 짝이 숨을 쉬지 않는 날

짝도 아기를 따라 세상을 떠났다. 내겐 더 이상 울 힘조차 남아 있지 않았다. 둥지에서 아기와 짝의 너무나 다정하고 사랑스러운 냄새를 맡았다. 냄새를 더 깊게 마시려고 둥지를 파고들다가 이상한 것을 발견했다. 사람들이 아기 뱃속에서 꺼냈던 것과 비슷한 것들이 짝이 있던 자리에 잔뜩 있었다. 짝이 죽기 전에 이것들을 토해 낸 모양이다. 빨간 먹이와 파란 먹이, 여러 색의 조각들, 흐물흐물한 해파리 같은 것…… 설마 짝도 이것들 때문에 죽은 것일까. 대체 이것들이 뭘까?

♡ 섬의 잔소리꾼이 된 지 30일째

나는 미드웨이섬의 소문난 잔소리꾼이다. 종일 섬을 돌아다니며 눈에 보이는 이웃 앨버트로스와 다른 새들에게 아기 뱃속에서 나온 조각들에 대해 말하고 다닌다. 먹지 말아야 할 것이 무엇인지, 그것이 어떻게 아기와 짝을 죽였는지 말이다.

알고 보니 아기를 잃은 앨버트로스가 수두룩했다. 나처럼 아기에게 먹지 말아야 할 것까지 토해 내서 준 앨버트로스들이었다. 요즘 나는 이웃 앨버트로스들에게 함께 가짜 먹이가 얼마나 무서운지 이야기하러 다니자고 말한다. 그러면 어떤 앨버트로스는 "조심해야 할 게 정말 우리인가요?"라고 묻는다. 나도 안다. 조심해야 할 것은 우리가 아니다. 우리가 이런 이상한 물체를 섬과 바다에 버리진 않았으니까.

하지만 가짜 먹이가 바다와 해변에 늘어나게 되면 우리는 실수로 계속 그것들을 먹을 수밖에 없다. 아무리 조심해도 미래에 태어날 아기들은 부모가 토해 내는 가짜 먹이를 받아먹고 서서히 아프다가 죽어갈 것이다. 나는 어디에 하소연해야 하는지, 누구에게 화를 내야 하는지도 모른 채 "가짜 먹이를 먹으면 안 돼요! 제발 먹지 마세요!"를 외치며 섬을 떠돈다.

가짜 먹이를
먹으면 안 돼요!!
제발
먹지 마세요!
?
?

고래는 왜 그물을 삼킬까?

태평양 한가운데에 있는 미드웨이 환초는 세계에서 가장 큰 앨버트로스 번식지로 유명한 섬이다. 이곳에 사는 앨버트로스 중 많은 앨버트로스가 플라스틱 쓰레기 때문에 죽는다. 특히 죽음을 맞이하는 앨버트로스 대부분이 새끼다.

앨버트로스는 태어나서 5개월까지 부모 앨버트로스가 바다에 나가서 구한 먹이를 먹으며 자란다. 주로 먼 바다까지 나서서 먹이를 구하기 때문에 부모 앨버트로스는 먹이를 삼켜 소화한다. 육지로 돌아온 후에 먹은 것들을 토해 내서 새끼 앨버트로스에게 먹인다.

앨버트로스의 먹이는 바다 표면이나 얕은 수심에 사는 오징어, 물고기, 새우, 정어리 등이다. 특히 앨버트로스는 바다에 떠 있는 날치 알을 좋아한다. 날치 알은 나무 조각이나 플라스틱 쓰

앨버트로스

앨버트로스는 한 번 인연을 맺으면 평생 동안 함께 지낸다. 1년 혹은 2년에 한 번만 알을 딱 하나 낳으며, 알은 부화하는 데 9개월이나 걸리는 것이 특징이다. 수명 또한 길어서 최대 90년까지도 살 수 있다. 현재는 안타깝게도 대부분 멸종 위기종으로 지정되었는데, 폐어구 등 플라스틱을 먹이로 착각하고 먹고 죽거나, 새끼에게 먹이로 주면서 새끼 앨버트로스 또한 죽음을 맞이한다. 원양어선 근처에서 먹이를 찾다가 그물에 걸려 익사하기도 한다.

새끼에게 먹이로 착각한 플라스틱을 먹이는 앨버트로스

레기에 붙어서 떠다니는 경우가 많아 앨버트로스가 동시에 삼키곤 한다. 또 해변에 버려진 일회용 라이터를 알록달록한 갑각류로 착각하고 잘못 먹기도 한다. 일회용 라이터 가운데 가장 많은 색이 빨간색과 파란색이다. 부모 앨버트로스가 플라스틱 쓰레기를 먹으면 그 쓰레기들은 새끼 앨버트로스가 그대로 받아먹게 된다.

부모 앨버트로스는 먹이를 토해 내기 때문에 플라스틱 쓰레기를 먹어도 회복할 수 있다. 하지만 새끼 앨버트로스는 5개월 정도가 되어야 부모 앨버트로스처럼 토하는 것이 가능하다. 플라스틱을 먹은 새끼 앨버트로스는 플라스틱 때문에 소화기관의

통로가 막힌다. 그러면 음식과 물이 내려가지 못해 굶주림과 탈수에 허덕이다가 장기가 손상되어 결국 죽음에 이른다.

고래와 바다거북을 삼킨 플라스틱 쓰레기

앨버트로스뿐 아니라 많은 해양 생물이 비닐봉지나 병뚜껑 같은 플라스틱 쓰레기를 먹이로 착각하고 먹는다. 그중에서도 플라스틱 쓰레기를 먹고 죽는 대표적인 해양 생물이 '고래'와 '바다거북'이다.

고래는 먹이 활동을 할 때 물체에 음파를 쏴서 먹이가 무엇인지 확인을 한다. 비닐봉지, 밧줄, 풍선, 플라스틱 필름 같은 쓰레기에 음파를 쏘면 좋아하는 먹이인 오징어나 해파리와 비슷한 음파가 돌아온다. 그래서 고래는 플라스틱 쓰레기를 먹이로 착각하고 먹는다.

필리핀 해안에서 숨진 채 발견된 민부리고래의 뱃속에서는 쌀 포대와 바나나 마대, 쇼핑백 같은 플라스틱 쓰레기가 40킬로그램이나 나왔다. 민부리고래는 고래 중에서 가장 오랫동안 잠수를 하는 고래다. 극심한 수압을 견딜 줄 알고 숨도 오래 참지만, 플라스틱 쓰레기는 참을 수 없었다. 스페인 해변에 떠밀려

온 향유고래의 배를 열어 보니 비닐봉지와 그물 조각, 밧줄이 가득 들어 있었다. 향유고래는 치아가 있는 고래 중에 가장 큰 고래인데, 뱃속에 든 쓰레기 무게가 자그마치 100킬로그램이었다고 한다.

바다거북도 바다 쓰레기로 많이 피해를 보는 동물이다. 이런 바다거북을 보호하기 위해 제주도 서귀포시 중문 색달해변에서는 매년 구조하거나 치료한 바다거북을 제주 바다로 보내는 행사를 하고 있다. 2018년에는 바다거북 열세 마리를 바다로 돌려보냈다. 바다거북이 앞으로 건강하게 살기를 많은 사람이 모여 함께 응원했다. 안타깝게도 바다거북 중 한 마리가 바다로 간 지 11일 만에 부산 기장 앞바다에서 숨을 거둔 모습으로 발견되었다.

바다거북이 죽은 이유를 찾으려고 부검을 했는데 뱃속에 200여 개가 넘는 쓰레기가 나왔다. 쓰레기 대부분은 생수병 포장지와 사탕 포장지 같은 비닐 조각이었다. 바다를 떠도는 동안 비닐 조각에는 플랑크톤이 달라붙는다. 바다거북은 냄새에 속아서 플랑크톤이 붙은 비닐 조각을 먹는다. 이런 이유로 제주 바닷가에서 플라스틱 쓰레기와 비닐봉지를 먹고 죽은 채 발견되는 바다거북 수가 점점 늘고 있다. 심지어는 코에 플라스틱 빨대가 박힌 채로 구조된 바다거북도 있다.

그물에 걸려 나아가지 못하는 바다거북

　바다에 사는 생물은 지구에 사는 전체 생물종 중 80퍼센트를 차지한다. 가늠할 수 없이 다양한 해양 생물들이 매일 바다로 쏟아지는 플라스틱 쓰레기 때문에 고통을 겪고 있다. 지금처럼 바다에 버리는 플라스틱 쓰레기가 늘어난다면 2030년까지 매년 6억 200만 킬로그램의 플라스틱 쓰레기가 바다에 쌓일 것이라고 한다. 이 양은 고래 1800만 마리 뱃속을 가득 채우는 양이다.

2장

폐어구를 줍는 십대:

"다 쓴 그물을 왜
바다에 버릴까요?"

낚싯줄에 걸린
갈매기

"오늘은 어째 통 안 걸리네."

아빠는 벌써 몇 번째 허탕이라며 투덜거렸다. 주말마다 낚시 가는 아빠를 따라 나온 지민이 역시 마찬가지였다. 한 시간째 아무것도 잡히지 않아 하품만 나왔다.

"아빠, 저는 잠깐 근처 좀 돌고 올게요."

"네 낚싯대는 아빠가 봐주고 있을 테니까 다녀와."

사실 지민이는 낚시에 별 관심이 없었다. 아빠를 따라 낚시 하러 온 것도 그저 바다에 오고 싶어서였다. 집에서 바다까지는 자동차로 한 시간이나 가야 할 만큼 멀었다. 어릴 때는 가족끼리 나들이 삼아 인근 바다로 나오곤 했지만 고등학생이 된 후로는

2장 폐어구를 줍는 십대:

그마저도 쉽지 않았다.

최근 아빠가 낚시에 취미를 붙이면서 이따금 물고기나 문어, 해삼 같은 것을 잡아 오기도 했다. 처음에는 마트에서 산 것이 아니라, 아빠가 직접 잡았다는 것이 신기했다. 그러다가 점점 냉장고에 생선과 해산물이 하나둘 쌓이자, 가족들 모두 고개를 저었다. 그런 반응과 별개로 아빠는 낚시를 멈추지 않았다. 지민이는 대체 낚시가 왜 그렇게 재밌는지 알 수 없었다.

"손맛이지, 손맛. 낚싯줄이 팽팽해질 때부터 가슴이 엄청 뛰거든. 대어를 낚을 때의 희열이야 이루 말할 수가 없지."

지민이는 아빠의 말에 낚시를 하고 싶어진 것은 아니었지만, 주말에 함께 가기로 했다. 아빠는 낚시 도구를 이것저것 챙기며 즐거운 표정을 지었다. 자주 따라 나설 것은 아니라서 아빠가 낚시하는 법을 알려 줄 때도 지민이는 신경 써서 듣지 않았다.

지민이는 그저 바다를 보는 것만으로 충분했다. 오면서 봐 둔 항구로 가려고 낚시하던 자리에서 일어나 보니 아빠와 함께 있던 바위 말고도 크고 넓적한 바위마다 낚시하는 사람들이 꽤 보였다. 바위와 바위 사이를 껑충껑충 건너다가 지민이는 바위 틈 사이 물이 고인 자리에 낚시용품 포장 비닐, 낚시 추나 찌 같은 것과 계속 마주쳤다.

'이런 걸 왜 여기다 버리고 가지?'

지민이는 걸으면서 이맛살을 찌푸릴 수밖에 없었다. 낚시하는 사람들 대다수가 음식이나 음료도 챙겨 와서 먹고 있었기 때문이었다.

'저 음식을 먹어서 생기는 쓰레기는 잘 가져가는 걸까.'

지민이는 자발적으로 숲이나 하천 정화 봉사 활동을 몇 번 나가긴 했지만 그렇다고 쓰레기 문제에 관심이 엄청 많진 않았다. 혼자서 남들이 바다에 아무렇게나 버린 더러운 쓰레기를 주울 정도까지는 더더욱 아니었다. 쓰레기를 지나쳐 바위가 모인 곳에서 항구 쪽으로 걷다 보니 무언가 이상한 물체가 보였다. 갈매기 한 마리가 작은 배를 묶어 놓은 밧줄 근처에서 날지 못하고 푸드덕거리고 있었다.

'왜 날아가지 않는 거지?'

가까이 다가가 보니 갈매기의 날개와 다리가 낚싯줄과 밧줄에 얽혀 있었다. 지민이는 조심스럽게 갈매기 근처로 다가갔다. 갈매기는 위험하다고 생각했는지 더 세차게 몸을 버둥거렸다. 아빠에게 도움을 구하러 갈지 고민하다가, 낚싯줄 자르는 가위가 주머니에 있다는 것이 떠올랐다. 날카로운 날을 접어 보관할 수 있는 조그만 휴대용 가위를 이렇게 쓸 줄은 몰랐다. 지민이는 갈매기를 흥분시키지 않으려고 조심히 다가가서 낚싯줄을

 2장 폐어구를 줍는 십대:

잘랐다.

갈매기는 잠시 좌우로 뒤뚱하더니 이내 날개를 펴고 하늘로 날았다. 아빠가 물고기를 잡으며 느낀 손맛이 무엇인지 지민이는 알 수 있었다. 갈매기를 살린 손맛은 정말 짜릿했다.

우리의 첫
환경 동아리

다음 날, 지민이는 함께 등교하는 동네 친구 준현이에게 갈매기 이야기를 들려주었다. 낚싯줄 끊는 순간을 말할 때는 자기도 모르는 사이에 가위로 자르는 모습까지 손으로 보여 줄 정도였다. 준현이는 무슨 일인지 알겠다는 듯이 고개를 끄덕였다.

"내가 얼마 전에 본 영화에서 플라스틱 쓰레기 때문에 죽은 고래가 나왔거든. 그 갈매기도 비슷한 경우 같은데……."

"고래가 플라스틱 쓰레기로 죽는 거랑 갈매기가 낚싯줄에 걸리는 거랑 같은 이야기라고?"

"내가 보기엔 그래. 바다에 버려지는 쓰레기 문제라는 거지."

"아, 그렇지. 낚싯줄도 버려진 거니까."

        2장 폐어구를 줍는 십대:

"바다 쓰레기 중 어업 도구가 거의 대부분이래. 음, 너 혹시 나랑 환경 동아리 함께하지 않을래?"

"뭐야, 갑자기 웬 환경 동아리?"

준현이는 〈씨스피라시〉라는 다큐멘터리를 보고 어업 때문에 생기는 환경 문제를 알게 되었다. 물고기를 지나치게 많이 잡는 어업은 바다를 텅 비게 하고, 바다에 버리는 어구는 해양 생물에게 큰 피해를 준다는 것을 말이다. 준현이가 말한 고래도 바다에 버려진 플라스틱 어구를 먹이로 착각하고 먹어 죽음을 맞이했다.

준현이는 다큐멘터리를 보고 가지게 된 궁금증을 과학 선생님께 시간이 날 때마다 찾아가서 물었다. 평소에도 준현이는 과학에 관심이 많아 수업이 끝나고도 과학 선생님과 자주 이야기를 나누곤 했다. 과학 선생님은 준현이와 이야기를 나누다가 학

씨스피라시

씨스피라시는 심각해지는 해양 환경을 다룬 다큐멘터리다. 이 작품은 바다에 떠다니는 수많은 플라스틱 쓰레기가 어업에서 나온 폐어구 때문이라는 사실을 전한다. 수산업이 해양 생태계를 어떻게 파괴하는지 보여 준다.

교에 환경 동아리가 있으면 좋겠다고 했다. 해양 환경 문제를 함께 탐구하면 호기심도 풀고 환경 공부도 되기 때문이었다.

준현이도 바다에서 일어나는 다양한 환경 문제를 함께 이야기 나눌 수 있는 모임이 있다면 좋겠다고 생각했다. 그래서 과학 선생님에게 자신이 환경 동아리 회원을 모아 보겠다고 말했다. 지민이가 주말에 갈매기를 낚싯줄로부터 구한 이야기를 꺼냈을 때, 환경 동아리 회원으로 생각하지도 못한 친구가 달리 보인 것도 그 때문이었다.

"우리가 지금 이야기하는 모든 주제가 바다의 환경과 관련이 있잖아. 환경에 관심이 있는 친구들끼리 모이면 서로 모르던 부분도 알게 되고. 어때?"

"환경 동아리에 가입하려면 환경을 잘 알아야 하는 거 아냐? 난 솔직히 그 정도는 아닌데."

"환경에 관심을 가지는 첫걸음을 환경 동아리 가입으로 시작하는 거지. 네가 낚싯줄에 걸린 갈매기를 구한 것도 나랑 함께 환경 동아리를 만들라는 계시 아닐까?"

지민이는 자신이 갈매기를 구해준 것과 해양 환경에 대한 관심은 다른 문제라고 생각했다. 그런데도 갈매기에게 걸린 낚싯줄이 자꾸 마음에 걸렸다. 이런 사소한 호기심부터가 시작이라면 환경 동아리에 가입해도 괜찮을 것 같았다.

   2장 폐어구를 줍는 십대:

"좋아. 그럼 나도 환경 동아리에 들어갈게."

지민이와 준현이는 수업이 끝나자마자 과학 선생님을 찾아갔다. 과학 선생님은 지민이와 준현이가 환경 동아리에 가입하겠다고 하자 반가운 얼굴이었다.

"이렇게 바로 회원이 생길 줄 몰랐는데? 좋아, 선생님이 동아리 개설 준비를 하는 동안, 너희는 앞으로 환경 동아리에서 뭘 했으면 좋을지 한번 생각해 볼래?"

선생님이 동아리에서 탐구하고 싶은 환경 문제를 찾아보라고 말했을 때, 준현이는 벌써 탐구 주제를 고민하는 얼굴이었지만 지민이는 황당하다는 표정을 지었다. 하굣길에 지민이는 준현이에게 걱정을 쏟아냈다.

"우리보고 생각해 보라니. 너는 해양 환경에 관심이 많은지 모르겠지만, 솔직히 나는 뭘 탐구하고 싶은지 잘 모르겠어."

"난 네가 갈매기가 왜 낚싯줄에 걸려야 했는지를 알아보는 것부터 해야 할 것 같은데. 실은 나도 궁금하기도 하고."

준현이의 말에 지민이는 일요일 오후에 있었던 갈매기 구출 사건을 다시 떠올렸다. 어쩌면 그냥 지나칠 수도 있었던 사건이었는데, 환경 동아리 가입으로까지 이어질 줄은 몰랐다. 하루 만에 놀라운 변화가 일어난 것만 같았다.

"집에 가서 우리 각자 궁금하고 더 알고 싶은 환경 문제를 찾아보자."

　준현이는 벌써 흥미 가득한 표정이었다. 지민이는 여전히 잘 모르겠다는 마음이었지만, 신나 보이는 준현이를 바라보며 고개를 끄덕였다.

쓰레기를 주우러
해변으로 출발!

　토요일 아침, 준현이는 낚시하러 가는 지민이네의 차에 올라탔다. 지민이는 준현이를 보자마자 이야기 보따리를 풀었다. 지민이와 준현이는 일주일 내내 등하교를 함께하며 해양 환경 이야기를 나누었는데도 서로 할 말이 가득했다.

　지민이는 갈매기가 낚싯줄에 걸린 이유를 인터넷으로 찾아보다가, 생각보다 너무 많은 사례를 만나게 되었다. 낚싯줄뿐 아니라 다양한 낚시 도구가 해양 생물을 다치게 하거나 죽게 만드는 원인이라는 것도 알게 되었다.

　준현이는 우리나라 해변에 떠밀려 온 고래 사체를 부검하는 과정을 담은 다큐멘터리를 보았다. 마구잡이로 물고기를 잡는 어업 방식도 문제지만, 어구가 플라스틱으로 만들어지면서 쉽게 버려지는 문제 역시 심각했다. 폐어구는 고래뿐 아니라 바다에 사는 모든 생물을 다치거나 죽게 했다.

이런 이야기를 나누다가 지민이와 준현이는 자신들이 할 수 있는 것부터 실천하기로 했다. 그중 하나가 바로 해변 플로깅이었다. 플로깅이란 걷거나 달리면서 주변의 쓰레기를 줍는 운동이다. 낚시 장소에 버려져 있던 낚시 도구가 거슬렸던 지민이의 아이디어였다.

아빠는 지민이가 친구와 함께 낚시에 따라가겠다고 하자 전보다 더 신이 난 얼굴이었다. 그러다가 두 아이가 바다에 가서 낚시가 아니라 쓰레기 줍기를 하겠다고 하자 신기해했다.

"아빠도 플로깅이 뭔지는 아는데, 갑자기 너희가 그걸 왜 하겠다는 건지 모르겠구나."

지민이는 지난 주말에 있었던 일을 이야기했다. 그리고 왜 준현이와 함께 가게 되었는지도 말하면서 환경 동아리 이야기까지 꺼냈다. 아빠는 지민이가 하는 말을 듣더니 머리를 긁적였다.

"그러니까 아빠는 물고기를 잡으러 가는데, 너희는 갈매기나 물고기를 살리러 간다는 거잖아. 좀 어색한 상황이긴 하지만 일단 해 보자! 대신 너희가 플로깅을 하는 동안, 난 낚시를 하면서 어떤 낚시 도구도 잘못 흘리지 않게 조심하마."

함께
비치코밍해요

아빠가 흔쾌히 바다에 데려다주기로 하자 지민이는 힘이 났다. 해변에 가기 전, 지민이와 준현이는 플로깅 준비물도 미리 확인했다. 해변에서 주운 쓰레기를 담을 봉투는 계속 사용할 수 있는 것으로 준비하고, 손이 다치지 않도록 장갑과 집게도 챙겼다.

해변에 도착하자마자 여러 쓰레기가 보였다. 곳곳에 쌓인 쓰레기 중 가장 많은 것은 음료수병과 페트병이었다. 병뚜껑은 모래사장에서 끊임없이 모습을 드러냈다. 한참 쓰레기를 주우며 해안선을 따라가자 줄지어 있는 하얀 천막들이 보였다. 천막이 시작하는 입구에는 '우리 함께 비치코밍해요'라는 글씨가 적

힌 나무 간판이 서 있었다. 비치코밍은 해변과 빗질의 합성어로, 해변에서 표류물이나 쓰레기를 줍는 활동이다. 천막으로 들어서자 가운데에 기타를 치며 노래하는 사람도 있었고, 양옆으로 가판대가 이어져 있었다. 가판대마다 사람들이 무언가를 늘어놓았는데 가까이에서 보니 돌, 조개, 유리, 플라스틱 같은 물건들이었다.

"어? 우리 반 서수빈이잖아."

지민이는 가판대에서 익숙한 얼굴을 발견하고는 수빈이에게 다가갔다. 지민이와 같은 중학교를 나온 수빈이는 고등학교에 올라와서도 같은 반이 되어 더욱 친해졌다.

"너 여기서 뭐하는 거야?"

"아, 이거 내가 언니랑 만들어서 팔고 있거든. 구경하다가 하나만 사 주라."

수빈이는 조그만 그림이 그려진 돌을 팔았다. 각기 다른 크기의 돌에 모두 다른 그림이 그려져 있었다. 지민이는 파도 위에서 서핑하는 모습이 그려진 돌 하나를 집었다.

"바닷가에 있는 자갈에다가 그림을 그린 거야?"

수빈이 옆에 있던 언니가 웃으며 답했다.

"돌로 보여? 이거 유리 조각이야. 우리가 바다에서 주운 유리 조각인데, 그건 깨진 콜라병 조각이야."

언니가 한 말을 듣고 다시 제대로 보니 정말 조각이 초록빛이었다.

"어떻게 유리 조각이 이렇게 반들반들해요?"

"오랫동안 파도를 맞으며 깎였으니까. 보니까 너희도 쓰레기 주우러 온 거 같은데, 이런 조각들 많지 않았어?"

생각해 보니 지민이와 준현이는 이런 색깔의 유리 조각을 보고도 그냥 자갈이라고 생각하고 지나쳤다.

"바다에는 정말 별것들이 다 버려져 있네요."

"그래도 이렇게 비치코밍 행사를 하면서 사람들이 바다 쓰레기에 조금씩 관심을 가지기 시작했다는 걸 느껴. 오늘도 가족 참여자들이 많잖아."

지민이의 주변에서는 어린이와 함께 온 가족들이 자신들이 주워 온 쓰레기로 작품을 만들고 있었다. 지민이가 수빈이네 가판대에서 이야기를 나누는 동안, 준현이는 가판대 주변을 돌아다니며 열심히 사진을 찍었다. 특히 폐그물을 넣어서 그린 작품을 한참이나 들여다보았다. 준현이는 다큐멘터리에서 버려진 어업 도구가 해양 생물을 다치게 하고 죽이기까지 하는 장면을 보았기 때문에 폐그물 작품이 더 남다르게 느껴졌다. 이런 작품으로 더 많은 사람이 바다에 버려진 폐어구에 관심을 가졌으면 좋겠다고 생각했다.

지민이는 서핑하는 그림이 그려진 유리 조각을 사기로 했
다. 수빈이가 작품을 종이봉투에 담는 동안, 지민이는 머리에 번
뜩 든 생각을 말로 꺼냈다.

"수빈아, 너 환경 동아리 들어오지 않을래?"

바다와 함께
자라는 우리

과학 선생님이 환경 동아리 부원 모집 공고를 올리자 많은 학생이 몰려들었다. 모인 학생 중에서 해양 환경 쪽은 지민이, 준현이, 수빈이가 맡았다. 환경 동아리에서는 매달 환경 책 한 권씩을 읽고 토론하는데, 해양 환경책은 세 사람이 돌아가며 골랐다. 책을 통해 환경과 사람이 멀리 떨어져 있지 않다는 것을 알게 되면서, 지민이는 속으로 탐구하고 싶은 주제를 떠올릴 수 있었다.

지민이와 수빈이 그리고 준현이는 한 달에 한 번은 꼭 함께 플로깅을 했다. 수빈이가 비치코밍 행사를 할 때는 지민이와 준현이가 바다에서 주운 것으로 작품을 따라 만들어 함께 참여하기도 했다. 플로깅을 하면서 지민이는 갈매기만 낚싯줄에 걸리는 것이 아니라 다른 바닷새들도 낚시 도구로 많은 피해를 입고 있다는 것을 알게 되었다. 그래서 플로깅을 하는 동안 혹시나 다친 새가 없는지 열심히 찾아보는 것도 잊지 않았다.

준현이는 동아리 활동을 하면서 해양 생물이 먹어도 문제가 없는 생분해성 플라스틱을 개발하고 싶다는 꿈을 가지게 되었다. 수빈이는 플로깅에서 주운 플라스틱을 모아 플라스틱 방앗간이라는 곳을 찾아가 새로운 제품으로 만드는 법을 배웠다. 수빈이는 버려진 플라스틱이 재활용이나 재사용으로 다시 쓰이는 것을 하나하나 배워나갔다.

1학기가 끝나갈 무렵이 되자, 과학 선생님이 새로운 소식을 들고 왔다.

"이번에 우리 지역에서 청소년 해양 환경 포럼이 열린다고 해서 우리 환경 동아리도 참여하기로 했어. 해양 환경에 특히 관심 많은 세 친구가 이번 포럼 발표자로 나갈 예정이니까 준비를 제대로 해 보자."

청소년 해양 환경 포럼에는 전국에서 모인 청소년들이 자신들이 해 온 환경 활동을 발표할 것이라고 했다. 세 사람은 발표 준비를 위해 플로깅과 비치코밍 활동을 정리하기로 했다. 대표 발표자는 지민이었다. 지민이는 준현이를 추천했지만, 준현

이와 수빈이는 지민이가 대표로 발표해야 하는 이유를 이렇게
말했다.

"우리 둘은 환경 동아리 하기 전부터 해양 환경에 관심이 있
었잖아. 너는 갈매기가 여기로 이끈 거나 마찬가지고. 네가 겪은
이야기가 더 많은 사람에게 와 닿을 거 같은데. 안 그래?"

완벽하지 않아도
행동할 수 있어

드디어 청소년 해양 환경 포럼의 날이 다가왔다. 환경을 보호하기 위해 애쓰는 수많은 청소년이 각자가 관심을 가지고 있는 해양 환경 주제를 발표했다. 지민이는 자신의 차례가 오자 플로깅을 하며 주운 낚싯줄과 병뚜껑 그리고 페트병을 들고 무대로 나섰다.

"이게 뭔지 아시나요?"

무대 아래에서 아이들이 웅성거렸다. 환경 포럼이어서 그런지 바로 "플라스틱 쓰레기"라는 답이 나왔다.

"네, 제가 친구들과 플로깅을 하면서 주운 것입니다. 그리고 이것은 저를 플로깅으로 이끈 낚싯줄이고요."

청소년 해양 환경 포럼의 날
병뚜껑
키링
청소년 해양 환경 포럼

　지민이는 낚싯줄에 걸린 갈매기 이야기를 사람들에게 들려주었다. 버려진 낚시 도구와 폐어구가 바다를 터전으로 삼고 있는 해양 생물에게 얼마나 위협적인 물건인지 사진으로 보여 주었다. 이어 지민이는 플로깅을 하면서 주운 플라스틱 쓰레기들 사진을 화면에 올렸다.

　각종 플라스틱 조각과 일회용 식기들, 어구와 스티로폼 부표 같은 플라스틱 쓰레기는 바다에서 계속 부서져 미세 플라스틱이 된다. 너무 작아서 주울 수도 없는 미세 플라스틱은 해양 생물뿐 아니라 사람에게도 위험하다는 이야기도 덧붙였다.

　포럼이 끝나고 동아리 친구들과 모여 강연장을 나오는데, 누군가가 지민이의 곁으로 다가왔다. 포럼을 취재하러 온 기자였다.

　"플로깅 활동을 발표한 학생이죠? 잠깐 질문 좀 드릴게요. 플로깅이 해양 플라스틱 쓰레기를 줄이는 데 큰 도움이 되나요? 적극적인 해결 방법은 아닌 것 같은데요."

　"맞아요. 플로깅은 어쩌면 소극적인 환경 운동으로 보일 수도 있어요. 더 심각한 해양 플라스틱 문제가 바닷속에 있고요. 하지만 최소한 저희가 가져간 것이 갈매기 목에 얽히거나 고래가 먹는 일은 줄어들겠죠."

　기자는 지민이가 해양 환경을 지키는 다음 활동으로 어떤 것을 하고 싶은지 물었다.

"저희는 어른 세대가 만들어 놓은 쓰레기 더미에서 살고 싶지는 않습니다. 저희가 살아갈 지구이기 때문에 더 많은 청소년이 플라스틱 문제에 관심을 가지고 함께하기를 바라고 있어요. 그래서 동아리 친구들과 함께 플로깅뿐 아니라 플라스틱 쓰레기를 재활용하는 다양한 방법을 계속 탐구하고 다른 친구들에게도 알리려고 합니다."

인터뷰를 하면서 지민이는 자기 스스로가 한 말에 조금 놀랐다. 친구들과 플로깅을 하고, 환경 동아리 활동을 하면서 자기 안에 있는 생각이 커졌고 그런 생각을 자연스럽게 말한 것이다. 이렇게 용감해진 김에 지민이는 한 번 더 용감해지기로 했다.

"기자님. 이번 주말에 저희가 플로깅하는 곳에 취재를 와 주실 수 있나요?"

주말마다 지민이, 수빈이, 준현이가 플로깅하는 해변은 다른 날보다 더 붐볐다. 환경 동아리 친구들이 모두 플로깅을 하겠다고 참여하는 날이기 때문이었다. 거기다 매달 하는 비치코밍 행사도 함께 열리는 날이라 해변이 북적북적했다. 지민이와 준현이가 동아리 친구들에게 플로깅 방법을 안내하는 동안, 수빈이는 언니와 플라스틱 방앗간에서 만들었던 키링을 가져와 전시했다. 또 이번 가판대에서는 플라스틱 재활용 제품을 만들려면 어떻게 플라스틱을 분리수거해야 하는지 사람들에게 알리기로 했다. 재활용할 수 있는 플라스틱을 분리해서 수집하는 방법은 이해하기 쉽도록 그림으로 그렸다.

준현이와 동아리 친구들이 플로깅을 간 사이, 지민이는 직접 만들어 온 피켓을 들고 낚시하는 사람들이 많이 모이는 바위 입구에 서 있었다. 낚시를 하려고 오가는 사람들이 아주 잘 보이는 자리였다.

지민이 아빠는 낚시 대신 다른 취미가 생겼다. 낚시하는 사람들 사이를 걸으며 버려진 낚시 도구나 포장지를 줍는 일이었다. 낚시 때문에 생기는 쓰레기를 주우며 "낚시하는 사람들이 환경 보호에도 관심이 많죠?"라며 괜히 큰소리로 말하기도 했다. 지민이 아빠가 낚시 대신 플로깅에 참여한 것은 해양 오염을 줄이기 위해서이기도 하지만, 다른 이유도 있었다. 지민이가 아빠에게 한 말 때문이었다.

"아빠, 사람들이 바다에서 너무 많은 것을 빼앗아서 바다가 점점 더 황폐해지잖아요. 우리가 고기를 많이 먹어서 공장식 축산이 생겨난 것과 마찬가지예요. 모두 해산물을 조금씩만 덜 먹는다면 바다가 지금보다 나아지지 않을까요?"

낚시는 마구잡이식으로 잡는 어업과 다르지만, 먹고 사는데 반드시 필요한 식량을 구하는 활동도 아니었다. 지민이가 바

낚시 도구를 함부로
버리지 마세요.
낚싯줄에
갈매기가 걸릴
위험이 있습니다.
깨끗한 바다와 해양 동물 보호를 위해
쓰레기는 꼭 챙겨서 가져가 주세요.

다 환경을 살리려고 노력할 때 반대로 바닷속 생명을 죽이는 일이 더는 아빠에게 흥미로운 취미가 될 수는 없었다. 그보다는 아들과 함께 바다를 지키는 것이 훨씬 즐거웠다.

　기자는 환경 동아리 아이들을 쫓아다니며 해변에서 일어나는 일들을 하나하나 사진과 글로 기록했다. 며칠 후, 인터넷 신문에는 이런 글이 올라왔다.

🌿 ⋯⋯⋯ 환 경 신 문 ⋯⋯⋯

플라스틱 오염을 멈추는 세대는 끝없이 쓰레기를 만드는 세대가 아니다. 경쟁하듯이 무의미하게 새로운 것을 계속 만드는 세대도 아니다. 자연과 공존을 생각하는 소비, 쓸모를 다해도 새로운 쓸모를 만들어 내는 세대가 플라스틱 오염을 멈추는 세대다.
앉아서 걱정만 하는 세대가 아니라 몸으로 나서서 행동하는 세대가 바다가 망가지는 것을 멈추게 하고, 지구에 다시 아름다운 숨을 불어넣을 수 있는 세대다. 바로 여기 이곳 바다에서 자기가 할 수 있는 일을 하고 있는 청소년들이 바로 그 세대다.

주영현 기자

플로깅과 비치코밍

플로깅은 달리거나 산책을 하면서 쓰레기를 줍는 활동이다. 2016년에 스웨덴 환경운동가인 에릭 알스트롬이 조깅을 하다가 더럽혀진 거리를 보고는 쓰레기를 줍기 시작했다. 그때부터 영어로 달리기인 '조깅Jogging'과 스웨덴어로 쓰레기 줍기란 뜻인 '플로카 웁Plocka upp'이 합쳐져서 플로깅이라는 말이 생겼다. 현재 플로깅은 환경 보호와 건강을 모두 지키는 지속 가능한 활동으로 여겨지고 있다.

해변에서 비닐봉지 한 장을 주우면 미세 플라스틱 175만 개를 주운 것과 똑같다고 한다. 우리나라에서도 많은 사람이 플로깅에 참여하면서 소셜미디어에 '#플로깅'이란 해시태그를 달고 자신의 활동을 공유한다. 제주도나 강원도 같은 해변에서 플로깅을 함께 하는 단체도 많다. '줍깅(주우면서 조깅하기)'. '쓰줍(쓰

플라스틱 물고기가 지구를 삼키는 모습을 묘사한 비치코밍 작품 〈해운大 물고기〉

레기 줍기)'도 플로깅과 비슷한 말이다.

　플로깅과 비슷하지만 조금 다른 활동도 있다. 비치코밍은 해변을 뜻하는 '비치Beach'와 빗질이라는 뜻의 '코밍Combing'이 합쳐진 말로, 바다에 떠밀려 온 여러 물건을 주워 생활에 활용하거나 수집하는 활동이다. 고대부터 있었던 활동이지만, 해변 쓰레기가 늘어나면서 비치코밍은 점점 환경 보호 활동으로 변했다. 단순히 줍기만 하는 것이 아니라 해양 쓰레기로 주운 물건을 가지고 재활용 예술 작품을 만드는 것도 비치코밍 활동이라고 한다.

플로깅을 하는 사람들

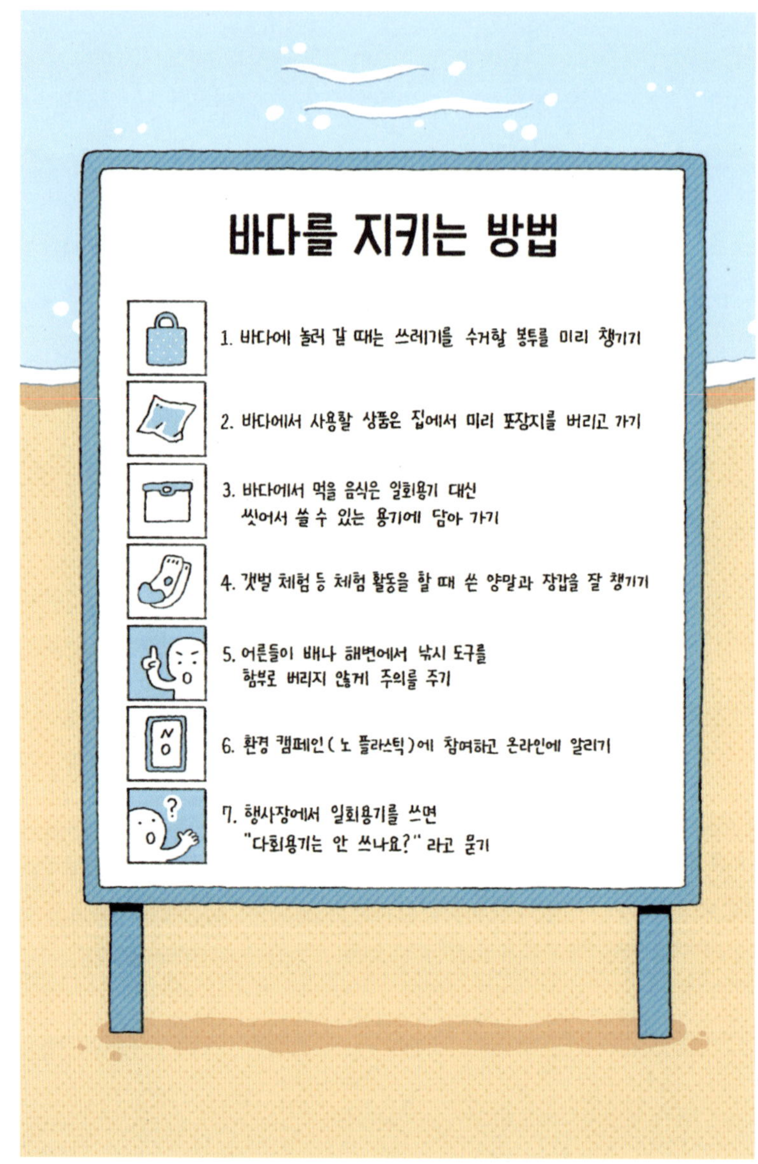

바다를 지키는 방법

1. 바다에 놀러 갈 때는 쓰레기를 수거할 봉투를 미리 챙기기

2. 바다에서 사용할 상품은 집에서 미리 포장지를 버리고 가기

3. 바다에서 먹을 음식은 일회용기 대신
   씻어서 쓸 수 있는 용기에 담아 가기

4. 갯벌 체험 등 체험 활동을 할 때 쓴 양말과 장갑을 잘 챙기기

5. 어른들이 배나 해변에서 낚시 도구를
   함부로 버리지 않게 주의를 주기

6. 환경 캠페인 (노 플라스틱)에 참여하고 온라인에 알리기

7. 행사장에서 일회용기를 쓰면
   "다회용기는 안 쓰나요?" 라고 묻기

8. 플라스틱 종류에 맞게 분리수거 실천하기

9. 고체 샴푸나 고체 치약처럼 플라스틱 용기 없는 제품 쓰기

10. 플라스틱 용기에 든 제품은 다 쓰면 용기를 세척하고
제품을 리필해서 다시 쓰기

11. 집 근처에 있는 제로 웨이스트 매장이나
리필 스테이션을 찾아보고 이용하기

12. 매년 9월 셋째 주 토요일에 열리는
국제 연안 정화의 날 참여하기

13. 세계 일회용 비닐봉지 없는 날 캠페인에 동참하기
(매년 7월 3일)

14. 남획 어종(참치, 태평양 정어리, 대구, 명태 등)에
관심을 가지고 되도록 먹지 않기

15. 생선과 해산물을 적게 먹기

비닐봉지를
못 쓰게 만든 십대:

“비닐봉지를 아예
못 쓰도록 법을 만들자!”

발리 해변의
쓰레기

멜라티와 이사벨은 평소 즐기던 서핑을 하려고 해변으로 나갔다. 둘은 시합하듯 서핑을 하다가 바위가 모여 있는 해변 끝에서 알록달록한 무언가를 발견했다. 이사벨은 그것들을 향해 다가가다가 소리를 질렀다.

"언니, 저게 뭐야?"

이사벨은 잔뜩 찡그렸다. 멜라티도 이사벨 옆으로 갔다가 똑같이 소리를 지를 수밖에 없었다.

"맙소사, 쓰레기잖아!"

파도에 밀려온 온갖 쓰레기가 마구 엉켜서 모래 위에 널브러져 있었다.

     3장 비닐봉지를 못 쓰게 만든 십대:

"웩! 이건 정말 너무하다."

발리는 전 세계 사람들이 찾아오는 유명한 관광지다. 휴가를 즐기려는 많은 사람이 발리 해변을 찾는 만큼 쓰레기도 많이 생긴다. 발리 해변은 쓰레기 문제로 몇 년 전부터 골머리를 앓았다.

이사벨과 멜라티는 자연을 경험하고 지구를 지키는 방법을 배울 수 있는 그린 스쿨에 다니고 있다. 수업 시간에도 발리의 해변에 쌓인 쓰레기에 관해 이야기를 나누곤 했다. 발리 해변의 쓰레기 문제가 심각하다는 것은 알고 있었지만, 실제로 보니 훨씬 심하다고 생각했다.

"저번에 우리가 놀러 왔을 때는 이렇게 더럽지 않았잖아! 여긴 해변이 아니라 쓰레기장 같아."

"비닐봉지가 너무 많이 버려져 있어!"

멜라티의 말에 이사벨은 자신이 들고 있는 샌드위치 봉지를 힐끗 보았다. 쿠타 해변을 찾는 많은 사람이 해변에서 먹으려고 두 사람처럼 비닐봉지에 간식을 들고 왔을 것이다. 문제는 그다음이다. 비닐봉지를 도로 가져가지 않고 다들 해변에 버리고 간다면? 답은 이사벨과 멜라티의 눈앞에 쌓인 해변 쓰레기가 분명하게 보여 줬다.

관심으로 시작된
변화

발리의 숲속에 있는 그린 스쿨은 대나무로 만들어졌다. 게다가 교실 사이에는 벽이 없다. 환경 교육을 많이 하는 학교답게 건물뿐 아니라 책상과 의자, 식사에 사용하는 식기도 모두 대나무와 지푸라기로 제작되었다. 그린 스쿨은 학생 수가 많지 않아서 여러 학년이 함께 어울려 수업을 들을 때가 많다. 이사벨은 멜라티보다 두 학년 아래지만, 멜라티와 함께 듣는 수업도 꽤 있었다.

"이번 시간에는 우리 지역 이야기를 다 함께 나눠 볼까 해."

선생님의 말에 아이들은 따분하다는 표정을 지었다.

"선생님, 발리는 우리가 매일 보는 곳인데 무슨 이야기를 해요?"

“여기보다 더 넓은 세상 이야기를 나누고 싶어요!”

아이들이 너도나도 한마디씩 하자, 선생님은 고개를 끄덕였다.

“다들 넓은 세상에서 일어나는 다양한 일이 궁금하겠지. 하지만 세상은 바로 여러분이 발을 딛고 있는 이런 지역들이 모인 곳이야. 여기에서 일어나는 문제가 다른 나라에서도 일어난단다. 이번 수업에서는 지역에서 생기는 문제를 어떻게 해결하면 좋을지에 관해 토론할 거야. 그러려면 발리에 대해 우리가 더 많이 관심을 가지고 알아야겠지? 조사하다 보면 분명 새롭게 보이는 부분도 많이 생길 거야.”

수업이 끝난 후에도 이사벨은 여전히 마뜩잖은 표정이었다. 발리에서 생긴 문제를 해결하는 토론이라니. 이사벨에게는 신비로운 동물을 탐험하는 것이 더 즐거운 일이었다.

“발리에서 생기는 문제라니……. 과연 새로운 게 있을까?”

“그거야 찾아봐야 알지. 어쩌면 모든 위대한 일은 가까운 곳에서 일어나는 것일지도 몰라. 많은 위인이 그랬듯이 말이야.”

얼마 전, 리더십 수업 시간에 멜라티는 마하트마 간디, 넬슨 만델라, 다이애나 왕세자비 같은 위인이 어떤 일을 했는지 배웠다. 수업을 들으며 모든 사람이 평화롭게 살아갈 수 있도록 자기가 할 수 있는 일을 하는 것이야말로 멋진 일이라고 생각했다.

그때부터 멜라티는 '세상을 바꾸는 인물'에 온 관심을 쏟았다.

"언니는 왜 세상을 바꾸고 싶은 거야?"

이사벨이 진지하게 묻자, 멜라티는 잠시 고민했다.

"우리가 수업 시간에 배운 리더들은 모두 더 나은 세상을 만들기 위해 애썼잖아. 그건 정말 대단하고 멋진 일이야!"

두 사람 사이로 작은 새 한 마리가 살포시 내려왔다. 이사벨이 조심스럽게 손을 내밀자, 작은 새는 나뭇가지에 올라타듯 손가락 위에 톡 앉았다. 이사벨은 새가 날아갈까 봐 아주 조그만 소리로 언니에게 속삭였다.

"세상을 바꿀 만한 일을 하기에 여기 발리는 너무 평화로운 섬이야. 게다가 언니는 열두 살이야. 위대한 일을 하기에는 아직 어려."

이사벨이 하는 말을 듣고 멜라티는 계속 생각했다. 그러다가 갑자기 멜라티가 벌떡 일어섰다. 그 바람에 작은 새는 날아갔고 이사벨은 실망한 표정을 지었다.

"아니, 우리가 할 수 있는 일이 분명 있어!"

그 순간 수업 시작종이 울렸다. 멜라티가 교실 쪽으로 바삐 가자, 이사벨도 아쉬운 듯 일어섰다. 멜라티는 하나에 정신이 팔리면 파고들어 끝을 보는 성격이다. 그것을 너무나 잘 알기 때문에 이사벨은 못 말린다는 표정을 지은 채 언니를 향해 따라 뛰었다.

   3장 비닐봉지를 못 쓰게 만든 십대:

말로는
소용없으니까

일주일 뒤 다시 찾아온 수업 시간, 반 친구들은 각자 발리에서 겪거나 목격한 여러 가지 문제들을 하나씩 들고 와 발표했다. 흥미로운 이야기였지만, 멜라티는 이사벨과 자신이 준비한 주제야말로 친구들과 꼭 토론해야 하는 주제라고 생각했다.

멜라티는 미리 준비한 큼지막한 종이 한 장을 펼쳤다. 거기에는 쿠타 해변 곳곳에 있는 플라스틱 쓰레기를 찍은 사진이 가득했다. 발리 해변의 쓰레기라면 친구들 모두가 봐 왔던 풍경이었다. 친구들은 토론해 봐도 관광객이 지나간 자리에 잔뜩 쌓이는 쓰레기를 치울 수는 없을 것이라며 수군거렸다.

"이사벨과 제가 조사한 주제는 바로 해변 쓰레기예요. 아마 여러분 모두 발리 해변마다 쌓여 있는 쓰레기 더미를 많이 보았을 거예요. 이 쓰레기 중 비닐봉지가 가장 많습니다.”

멜라티는 발리에 얼마나 많은 쓰레기가 쌓이고 있는지부터 설명했다. 바다에 오는 사람들은 대부분 비닐봉지에 무언가를 담아 왔다가 버리고 떠난다. 멜라티는 해변에 비닐봉지를 가져오는 것 자체가 문제라며, 아예 비닐봉지 사용을 못하게 해야 한다는 의견을 냈다.

“비닐봉지를 쓰지 못하게 하자고? 그게 가능한 일이야?”

아이들은 고개를 갸웃거리며 웅성거렸다. 그래도 멜라티와 이사벨이 낸 주제에 관심을 가지는 친구들도 있었다. 수업이 끝난 후, 멜라티와 이사벨은 몇몇 친구들과 비닐봉지에 대해 계속 이야기를 나눴다.

“우선 다 같이 해변 쓰레기를 줍는 건 어때?”

“가서 주워 봤자 금방 다시 쌓일 게 뻔해. 아무 소용없을 걸.”

멜라티는 팔로가 한 말에 동의하지 않았다.

“해 보지도 않고 말만 하는 건 더 소용없는 일이야. 일단 해 보자!”

   3장 비닐봉지를 못 쓰게 만든 십대:

해변의 쓰레기를
없앨 방법

토요일 아침, 함께 해변 쓰레기를 줍기로 한 친구들이 쿠타 해변에 모였다. 다 같이 해도 해변에 널린 쓰레기를 줍는 일은 만만치 않았다.

"아휴, 뭐야. 아무리 주워도 끝이 없어."

"이건 정말 너무해! 왜 자기들이 가져온 비닐봉지를 도로 가져가지 않는 거지?"

멜리티가 발표한 대로 해변 쓰레기 중에 비닐봉지가 유난히 많이 보였다.

"비닐봉지는 태울 수도 없고 썩지도 않잖아."

나디는 더러운 비닐봉지 하나를 줍다 말고 화가 난 표정으

← 진료실
· · ·
웩-

로 말했다.

"바다로 쓸려간 비닐봉지는 어떻게 되는 걸까."

멜라티는 이사벨이 무슨 걱정을 하는지 알 듯했다.

그날 저녁, 이사벨은 비닐봉지가 해양 생물에게 어떤 피해를 주는지 알아보았다. 비닐봉지를 먹이로 착각하고 먹었다가 죽은 바다거북 사진을 볼 때는 얼굴마저 하얗게 질려버렸다.

"언니, 우리가 매주 주말마다 비닐봉지를 주우면 발리 해변이 정말 깨끗해질까?"

멜라티는 대답할 수 없었다. 꾸준히 해 보지 않고서는 답을 알 수 없었기 때문이다. 그 뒤로 멜라티와 이사벨 그리고 친구들은 주말마다 모여 쓰레기를 주웠다. 매번 꽤 많은 해변 쓰레기를 주웠다고 생각했지만 모일 때마다 해변에는 수많은 비닐봉지가 널브러져 있었다. 오히려 전보다 더 많아 보일 때도 있었다.

"이게 어떻게 된 일이야? 우리가 주말마다 열심히 주웠는데 왜 전혀 줄지 않지?"

이사벨은 다리에 힘이 쭉 빠져 휘청거렸다. 아무리 주워도 해변에는 비닐봉지가 가득할 것만 같았다.

"이런 방법으로는 발리 해변에 쌓인 비닐봉지를 줄일 수 없어."

멜라티가 이렇게 말하자, 이사벨도 고개를 끄덕였다.

“맞아. 해변에서 비닐봉지를 없애려면 비닐봉지를 들고 오지 못하게 해야 해.”

이사벨의 말에 팔로는 고개를 저었다.

“바닷가에서 먹으려고 산 간식을 다들 비닐봉지에 담아 오잖아. 어떻게 비닐봉지를 가져오지 말라고 할 수 있겠어?”

그 말에 멜라티는 단호하게 답했다.

“가게에서도 비닐봉지를 쓰지 않게 해야지.”

팔로는 멜라티가 하는 말에 어이없다는 표정을 지었다.

“그게 말이 돼? 우리가 쓰지 말라고 한들 어른들이 들을 리가 없잖아.”

팔로의 말처럼 어른들이 하는 일을 아이들이 막기는 힘들다. 이사벨은 한숨을 푹 내쉬었다.

“우리처럼 여러 번 쓸 수 있는 에코백에 담아 오면 좋을 텐데…….”

나디도 고개를 끄덕였다.

“맞아. 모두 에코백 같은 가방을 쓴다면 비닐봉지를 쓸 일도 줄어들 거야.”

멜라티는 여전히 쓰레기가 잔뜩 쌓인 해변을 바라보았다.

“우리가 매주 주말마다 와서 아무리 쓰레기를 줍는다 해도 쓰레기는 다시 지금처럼 쌓일 거야. 나는 어렵더라도 비닐봉지

　　　　　　　　3장 비닐봉지를 못 쓰게 만든 십대:

잘 가,
비닐봉지

쓰는 것을 막는 게 더 나은 방법이라고 생각해. 우리 조금만 더 노력해 보자."

멜라티는 간절한 표정을 지으며 친구들을 향해 말했다. 이사벨과 나디는 고개를 끄덕였다. 팔로도 더는 고민하지 않았다.

"알았어. 일단 뭐든 해 보자. 해 보지 않고 안 된다고 하는 게 더 소용없는 일이잖아."

함께 하자는 친구들의 응원에 멜라티는 쓰레기를 줍던 집게로 모래에 '잘 가, 비닐봉지'라는 글씨를 썼다.

"비닐봉지에게 잘 가라고 인사하는 거야?"

팔로의 말에 멜라티는 웃으며 답했다.

"응, 발리 바다를 지키려면 비닐봉지부터 사라지게 해야 하니까."

멜라티가 쓴 '잘 가, 비닐봉지'는 멜라티와 이사벨이 만든 모임 이름이 되었다.

잘 가,
비닐봉지

학교에서 친구들은 비닐봉지를 사라지게 할 방법을 고민했다. 함께 쓰레기를 줍지 않았던 친구들까지도 모였다.

"우선 사람들에게 비닐봉지가 어떻게 발리 바다를 망치고 있는지 알려야겠지?"

"관광객이 많이 오가는 데서 알리는 게 좋겠어."

"왜 비닐봉지를 쓰면 안 되는지 알리는 안내문이 있으면 좋을 텐데……."

"안내문은 학교 환경 과제를 할 때 만들었던 걸 활용해서 내가 만들게."

이사벨은 안내문을 만들겠다며 주먹을 꽉 쥐었다.

"사람들이 우리가 하는 말을 잘 들어줄까? 비닐봉지를 무조건 쓰지 말라고 하면 뭘 쓰냐며 따질지도 몰라."

팔로의 말에 나디가 아이디어를 냈다.

"에코백을 쓰라고 나눠 주면 어때?"

"나눠 줄 에코백을 사려면 돈이 필요한데, 우리는 그럴 돈이 없잖아."

"얼마 전에 유튜브에서 안 입는 티셔츠로 가방 만드는 영상을 봤었어. 따라서 하면 쉽게 만들 수 있을 거야."

나디가 티셔츠로 가방을 만드는 방법을 친구들에게 알려 주기로 했다.

"이 일을 더 많은 사람이 함께하면 좋지 않을까? 다른 학교에 다니는 친구에게도 알릴게."

"나는 내 유튜브와 인스타그램에 올릴게! 혹시 모르잖아. 함께 참여해 줄 친구들이 더 모일지."

멜라티는 친구들이 내놓은 아이디어를 순서대로 정리했다.

"먼저 해변에 나가서 안내문을 나눠 주면서 사람들에게 비닐봉지를 쓰면 안 되는 이유를 알리자. 에코백도 그때 나눠 주고."

아이들 모두 고개를 끄덕였다. 아이디어가 모아졌으니 다음 순서는 행동이었다. 주말에 모인 친구들은 각자 준비한 것을 양손에 들고 바다로 나섰다.

"안녕하세요. 발리 바다를 지키기 위해 나온 그린 스쿨 학생들입니다. 비닐봉지 안 쓰기 운동을 하고 있는데요."

아이들이 다가가자 귀찮다는 듯 손을 휘저으며 멀어지는 사람도 있었다. 그럴 때마다 멜라티의 얼굴이 화끈거렸다. 물론 좋은 어른이 더 많았다. 그런 어른들은 아이들이 해변에 나와 무슨 일을 하는지 귀를 기울여 주었다.

"세상에나, 발리 해변에 이렇게 쓰레기가 많이 쌓이고 있는지 몰랐어."

"그동안 별생각 없이 비닐봉지에 물건을 담아 왔는데 앞으로는 주의해야겠네."

"너희들 말을 듣고 보니, 지금도 해변에 비닐봉지를 쓰는 사람이 너무 많아 보이는구나."

"안 입는 티셔츠로 만든 가방이라고? 정말 기발하네. 나도 집에 가서 만들어 보마."

아이들은 비닐봉지 줄이기에 관심을 주는 사람들이 차츰 늘자 힘이 났다. 물론 안내장을 받아도 전혀 관심이 없는 사람도 있었다. 아이들을 더 힘 빠지게 하는 것은 애써 나눠 준 안내장을 바닥에 버리는 사람들이었다.

"너무해! 쓰레기를 줄이자고 나눠 준 건데, 해변에 버리면 어떻게 해?"

이사벨은 화가 나 발을 동동 굴렸다. 멜라티도 속상했지만 애써 힘을 내며 말했다.

"안내장이 또 버려져 있는지 주변을 좀 더 돌아보자. 다들 힘내! 그래도 나눠 준 것보다 버려진 게 훨씬 적잖아."

나디도 맞장구를 쳤다.

"맞아. 에코백은 모두 고맙다며 가져갔잖아. 아마 다음에는 비닐봉지 대신 우리가 만든 가방을 들고 올 거야."

'잘 가, 비닐봉지' 팀이 열심히 해변에서 비닐봉지를 사용하지 말자고 알려도, 사람들이 많이 몰리는 날 뒤에는 어김없이 비닐봉지가 해변에 가득 쌓였다. 친구들은 힘이 쭉 빠졌지만 그래도 안내장을 계속 나눠 주었다.

  3장 비닐봉지를 못 쓰게 만든 십대:

새로운 법을
만들자!

　반가운 일이 생겼다. 인터넷에 올린 팀 활동을 보고 다른 학교 아이들이 학교에 찾아온 것이었다.

　"너희와 함께 비닐봉지 줄이기 활동을 하고 싶어. 난 스쿠버 다이버가 꿈이야. 이대로라면 내가 어른이 되면 발리 바다에 못 들어갈 것 같아서 쓰레기를 줄이고 싶어."

　"물론이지! 사람이 많을수록 우리 활동을 더 널리 알릴 수 있을 거야."

　팀원이 늘자, 새로운 생각도 더 많아졌다.

　"우리 팀을 더 많은 사람에게 알리려면 어떻게 해야 할까?"

　"우리가 한 팀이라는 것을 알리는 뭔가가 우선 필요해."

새로운 친구 중 한 명이 안내장에 있는 그림을 손으로 가리켰다.

"안내장에 있는 동그라미는 뭐야? 팀 로고를 만든 거야?"

"그건 내가 발리 전통 사원을 그려 넣은 거야. 팀 로고는 아니지만 우리를 의미하긴 해."

나디가 쑥스러워하면서 말하자, 다른 친구가 엄지를 올리며 칭찬했다.

"너무 멋져! 이 그림을 넣은 티셔츠를 만들어서 다 함께 입으면 어때?"

이사벨이 멋진 아이디어라며 박수를 쳤다.

"같은 티셔츠를 입으면 '잘 가, 비닐봉지' 팀을 궁금해 하는 사람들이 늘어날 거야."

"너희가 만든 티셔츠 가방도 잘 봤어. 멋진 아이디어야!"

나디는 티셔츠 가방을 보며 한숨을 푹 내쉬고는 말했다.

"가방으로 만들 만한 헌 티셔츠를 계속 구해야 해서 만드는 게 힘들어."

"티셔츠 가방 대신 다른 가방을 줘야 할까?"

친구들이 하는 말을 듣고 멜라티는 곰곰이 생각했다.

"아니, 가방을 계속 주는 건 어려운 일이야. 대신 비닐봉지를 아예 쓰지 못하는 법을 만들면 다들 자기 집에 있는 가방을

     3장 비닐봉지를 못 쓰게 만든 십대:

들고 오지 않을까? 우리가 나눠 줄 필요 없이 말이야."

멜라티가 의견을 내자 다들 말을 잇지 못했다. 법을 만들다니, 좋은 생각이지만 자신들이 할 수 있는 일이 아니었다. 이사벨은 한숨을 푹 쉬며 답했다.

"그런 금지법을 누가 만든단 말이야? 우리에겐 그럴 힘이 없어."

"맞아. 우리가 금지할 수는 없어. 대신 발리 주지사라면 할 수 있을 거야."

멜라티는 그날 밤, 발리 주지사에게 보낼 편지를 썼다. '잘 가, 비닐봉지' 팀을 소개하며, 그간 팀에서 비닐봉지 줄이기 활동을 한 사진도 함께 보냈다.

"언니, 주지사가 우리가 보낸 편지를 보고 연락해 줄까?"

"답을 해 줄 때까지 계속 두드려야지. 쉽게 되는 건 없잖아."

멜라티가 편지를 보내고 며칠이 지나도 발리 주지사에게서 답장을 받을 수 없었다.

"어떻게 하면 주지사가 우리 이야기를 귀 기울여 들을까?"

"주지사가 먼저 우리를 만나고 싶게끔 만들면 어때?"

이사벨은 '잘 가, 비닐봉지'와 뜻을 같이하는 사람이 많다는 것을 보여 주자고 했다.

"비닐봉지를 쓰지 않겠다는 서명을 받는 건 어때?"

“주지사를 놀라게 할 숫자라면 백만 명은 되어야 할 거야. 그렇게 많은 사람에게 어떻게 서명을 받아?”

멜라티와 이사벨은 머리를 맞대고 고민했다.

“사람이 가장 많이 다니는 곳이 어디지?”

마침 텔레비전에서는 발리를 찾는 관광객들의 모습이 흘러나오고 있었다. 화면에는 발리 공항을 오가는 사람이 일 년에 무려 1600만 명에 이른다는 뉴스도 함께 전해졌다.

“공항에는 전 세계 사람들이 오가잖아. 서명을 받기에 가장 좋은 곳은 바로 저기야!”

서명으로 모은
목소리들

'잘 가, 비닐봉지' 팀은 자신들이 만든 티셔츠를 입고 공항에 모였다. 서명을 받기 위해 사람들에게 말을 걸려고 하자 공항 관리인이 아이들을 막았다. 공항에서는 서명 운동을 하면 안 되고, 하려고 해도 사무실의 허락이 필요하다고 했다. 아이들이 공항 사무실에 갔지만 이번에는 윗사람이 허락해 줘야 한다고 말했다. 허락을 받아야 하는 사람은 계속 새로 나타났다.

멜라티와 이사벨은 포기하지 않고 사람을 만날 때마다 자신들이 왜 서명을 받아야 하는지를 설명했다. 마침내 공항 관계자는 '잘 가, 비닐봉지' 활동으로 사람들에게 서명을 받아도 된다고 허락했다. 허락뿐 아니라 서명을 받을 자리까지 마련해 주었다.

잘 가,
비닐봉지

발리 공항은 많은 관광객이 오가는 복잡한 공항이었다. 공항을 오가는 사람들은 바빠 움직이기 때문에 서명을 받는 것이 쉽지 않았다.

"여러분이 사랑하는 발리 바다를 위해 비닐봉지를 그만 써 주세요!"

열심히 외쳐도 관심을 가지고 먼저 다가오는 사람은 많지 않았다. 그러다가 관광객 가족 가운데 한 어린이가 부모 손을 잡고 다가왔다.

"비닐봉지를 쓰면 왜 안 돼요?"

'잘 가, 비닐봉지' 팀이 가장 듣고 싶은 질문이었다. 멜라티는 자신들이 만든 안내장을 아이에게 보여 주며 자세히 설명했다. 이 모습을 보고 다른 아이도 지나가다가 발을 멈췄다. 어느새 멜라티 앞에 여러 아이와 어른이 모여 있었다. 이사벨은 기회를 놓치지 않고 지나가는 사람들에게 잠깐 이야기를 듣고 가라며 안내장을 돌렸다.

"비닐봉지를 쓰지 않는 게 발리를 구하는 일이라면 안 쓰면 되잖아요!"

멜라티가 들려주는 이야기를 들은 한 아이가 큰 소리로 말했다.

"맞아요! 모두 함께 행동한다면 발리 바다를 구할 수 있어요. 우리가 발리 바다를 구할 수 있게 여기에 서명해 주세요.”

아이와 함께 온 부모들은 발리 바다를 구하는 일에 공감해 주었다.

“우리 아이들이 어른이 되어서 이곳 바다에 다시 오려면, 비닐봉지부터 사라져야겠구나. 우리도 서명에 동참하마.”

한산하던 ‘잘 가, 비닐봉지’ 부스는 어느새 서명하는 사람들로 가득했다. 이날 하루 동안 천 명이 넘는 사람들의 서명을 받았다.

“오늘처럼 서명을 많이 받으면 금방 우리 목표를 채울 수 있겠지?”

나디가 명랑한 목소리로 아이들을 향해 말했다. 팔로는 그 말에 고개를 저었다.

“천 명에게 서명을 천 번 받아야 백만 명을 채울 수 있어. 매일 여기에 나와 서명을 받는다고 해도 몇 년이 걸릴 거야.”

팔로의 말에 팀원 모두가 말을 잃었지만 멜라티는 달랐다. 멜라티는 지난번 학교에서 열린 플라스틱 안 쓰기 축제에서 만난 제인 구달 박사의 말을 떠올렸다. 제인 구달 박사는 자신이 만든 단체 ‘뿌리와 새싹’이 어떻게 세계 여러 곳에서 활동하는 큰 환경 운동 단체가 되었는지 알려 주었다. 그러면서 제인 구달 박사는 ‘잘 가, 비닐봉지’가 하는 서명에도 참여해 주었다.

"'뿌리와 새싹'도 처음에는 청소년 몇 명으로 시작했대. 비슷한 활동을 하는 작은 단체들이 서로를 연결하면서 세계 여러 나라에서 활동하는 글로벌 단체가 된 거야. 그러니 우리에게도 연결이 필요해!"

때마침 '잘 가, 비닐봉지' 팀에게 새로운 기회가 찾아왔다. 학교에 반기문 유엔 사무총장이 강연을 하러 오기로 한 것이었다. 멜라티와 이사벨은 '잘 가, 비닐봉지' 팀이 하는 활동을 전하며 서명에 동참해 줄 수 있는지 물었다.

"유엔은 전 세계 모든 의견을 듣고 중재하는 역할을 해야 해서 어떤 탄원서에도 서명할 수 없단다. 대신 너희들의 활동을 널리 알리는 데 노력할게."

멜라티와 이사벨은 제인 구달 박사처럼 반기문 유엔 사무총장도 서명을 해줄 거라 기대했기 때문에 실망이 컸다.

실망은 얼마 지나지 않아 놀라움으로 바뀌었다. 반기문 유엔 사무총장이 돌아간 후, 유엔 환경 부서에서 뜻밖의 소식이 날아왔다. 파리에서 열리는 유엔 기후변화협약 총회에 '잘 가, 비닐봉지' 팀을 초대하고 싶다는 내용이었다. 멜라티는 청소년 대표로 참가해 '잘 가, 비닐봉지'가 해 온 일을 알렸다. 전 세계에서 모인 많은 사람이 발리 해변 쓰레기 문제에 귀를 기울였다.

   3장 비닐봉지를 못 쓰게 만든 십대:

비닐봉지를 해변에서
몰아낸 십대들

멜라티와 이사벨은 많은 활동을 했지만 여전히 발리 주지사에게서 연락을 받지 못했다. 멜라티는 어떻게 하면 주지사를 만날 수 있을지 계속 생각했다.

주지사를 움직일 아이디어는 인도 뭄바이의 어느 환경 포럼에 연설자로 초청되었을 때 찾아왔다. 자매는 부모님과 마하트마 간디의 생가에 들렀다. 생가에서 본 사진 속 간디는 앙상한 나뭇가지처럼 메말라 있었다.

"엄마, 간디는 왜 저렇게 마른 거예요? 뼈만 앙상해요."

멜라티는 안타까움이 가득한 목소리로 물었다. 엄마는 단식 투쟁을 했기 때문이라고 답했다.

“간디는 인도의 억울함을 전하고 영국으로부터 독립하기 위해 단식 투쟁을 했단다. 힘으로 맞서지 않고 진실을 전할 방법으로 단식을 택한 거야. 덕분에 인도가 독립할 수 있었지.”

엄마가 해 준 말은 멜라티 가슴에 깊이 박혔다. 학교로 돌아온 멜라티는 발리에서 비닐봉지 사용을 금지해야 한다는 것을 알리기 위한 단식 투쟁에 들어갔다. 부모님과 학교 선생님 모두 말렸지만, 멜라티는 발리 주지사에게 뜻을 알리기 위해 어쩔 수 없다며 오히려 어른들을 설득했다. 물론 무리하지 않게 단식 투쟁을 하겠다고 약속했다. 이사벨은 멜라티가 하는 단식 투쟁을 ‘잘 가, 비닐봉지’ 홈페이지와 SNS에 올렸다.

놀랍게도 다음 날, 발리 지역 방송국에서 멜라티와 이사벨을 찾아왔다. 멜라티와 이사벨은 떨면서도 방송 카메라 앞에서 ‘잘 가, 비닐봉지’ 활동을 하는 이유를 설명했다. 왜 발리에서 비닐봉지를 쓰면 안 되는지도 전했다. 멜라티와 이사벨 이야기가 텔레비전에서 나오자, 다음에는 다른 방송국에서 찾아왔다. 인터뷰는 계속 이어졌다.

마침내 발리 주지사에게서도 연락이 왔다. 주지사는 멜라티와 이사벨을 청사로 초대했다. 주지사는 ‘잘 가, 비닐봉지’ 활동을 계속 지켜보았다고 말했다.

“발리에서 비닐봉지 쓰레기 문제는 복잡하고 어려운 문제

　　　　　3장 비닐봉지를 못 쓰게 만든 십대:

echo_sea_Isabel 단식 투쟁 3일째

예요. 저 역시 오래 고민하고 있었습니다. 멜라티 위즌 학생이 단식 투쟁을 하고 있다는 이야기를 듣고 더 이상 미룰 수 없다고 생각했어요."

주지사는 발리에서 비닐봉지 사용을 줄일 수 있도록 제도를 바꾸겠다고 말했다.

"여러분이 발리 시민들에게 해변에서 비닐봉지를 쓰고 버리는 일이 얼마나 심각한지를 알려 주었어요. 많은 시민이 공감하고 있으니 비닐봉지 금지 정책도 잘될 겁니다."

청소년이 꾸린 '잘 가, 비닐봉지' 팀이 주지사를 움직였고 정책을 새로 만들었으며 발리에서 비닐봉지를 쓸 수 없게끔 상황을 바꾸었다는 사실은 많은 사람을 놀라게 했다. 이번에는 발리 지역 방송뿐 아니라 다른 나라에서도 이들의 이야기를 뉴스로 다뤘다.

멜라티와 이사벨 위즌, 두 자매가 시작한 '잘 가, 비닐봉지' 운동은 세계로 퍼져나갔다. 두 사람은 빌 게이츠와 스티븐 호킹처럼 유명한 사람들이 강연하는 '테드TED'로부터 강연 초청을 받았다. 테드에서 강연을 한다는 것은 세상을 바꿀 만큼 영향력이 있다는 의미였다.

발리를 더 나은 세상으로 바꾸고 싶다고 말했던 2년 전, 멜라티는 열두 살이었고 이사벨은 열 살이었다. 열네 살과 열두 살

     3장 비닐봉지를 못 쓰게 만든 십대:

이 된 자매는 떨리는 가슴으로 세계 많은 이들이 주목하는 테드 강연 무대에 섰다.

"우리는 아름답고 환상적인 섬, 발리가 비닐봉지에 둘러싸여 질식하는 것을 막으려고 '잘 가, 비닐봉지'를 만들었습니다. 이 일을 시작할 때 우리에게는 아이디어와 친구들 몇 명이 전부였습니다. 대신 우리에게는 변화가 필요하다는 생각과 도전하는 용기가 있었습니다."

테드에서 한 강연은 지구 곳곳에 퍼져나갔다. '잘 가, 비닐봉지' 활동을 하고 싶다는 10대도 늘어났다. 멜라티와 이사벨은 더욱 바빠졌다.

멜라티는 열일곱 살이 되었을 때 우리나라에도 방문했다. 제주도에서 열리는 '세계 리더스 보전 포럼'에 초대받은 것이었다. 세계 환경 문제를 어떻게 해결할지 세계 여러 나라의 지도자들이 모여서 의견을 나누는 자리에서 멜라티는 이렇게 말했다.

"저는 당장 세상을 바꾸고 싶었습니다. 발리에서 제가 지금 할 수 있는 일이 있었어요. 해변에는 너무나 많은 비닐봉지가 버려져 있습니다. 이미 40개 나라가 비닐봉지 사용을 막고 있으니, 발리도 분명 바뀔 수 있다고 믿었습니다. 그 믿음과 오직 그럴 수 있다는 열정으로 행동을 시작했어요."

멜라티가 제주도에 다녀간 다음 해인 2019년, 발리에서는 드디어 법으로 비닐봉지 사용을 금지했다. 여기서 멈추지 않고 멜라티와 이사벨은 20대가 되어서도 여전히 '잘 가, 비닐봉지' 활동을 계속하고 있다.

비닐봉지를 금지한 나라들

이사벨과 멜라티가 발리를 지키려고 비닐봉지를 몰아낸 것처럼, 비닐봉지를 못 쓰게 법으로 정한 나라들이 있다. 방글라데시는 지구에서 가장 먼저 사람들이 비닐봉지를 쓰지 못하도록 막은 나라다.

1988년과 1998년, 방글라데시에 큰 홍수가 나서 나라 전체가 물에 잠겼다. 홍수의 원인은 비닐봉지였다. 특히 수도인 다카는 비닐봉지로 하수구와 배수로가 자주 막히곤 했는데, 배수로 중 80퍼센트가 비닐봉지로 막힐 정도였다. 그래서 방글라데시는 2002년부터 비닐봉지를 쓰지 못하도록 법을 제정했다. 비닐봉지를 만들어서도 안 되고 판매나 사용도 하면 안 되는 엄격한 법이었다. 대신 방글라데시 정부에서는 천연 재료로 만든 봉투를 사용하게 했다. 또 비닐봉지 사용이 얼마나 위험한지 학교

2022년 남아시아 홍수
2022년 1월부터 10월까지 엄청난 강우와 몬순(계절풍) 홍수가 아프
가니스탄 방글라데시, 인도, 네팔 같은 남아시아 국가에서 발생했다.
이 홍수는 2020년 이후로 해당 지역에서 가장 크게 발생한 홍수였고
3700명이 넘게 사망했다.
특히 방글라데시는 기후 위기에 의한 해수면 상승으로 매년 서울
의 면적 정도인 영토의 약 0.4퍼센트씩 수몰되고 있다. 이 추세라면
2030년까지 2000만 명의 기후 난민이 발생하게 될 것이라고 한다.
사진은 비를 피해 대피하는 방글라데시 시민.

HEART
9 5
SAJDAH

교육도 열심히 해서 어린이와 청소년들이 비닐봉지를 사용하지 않는 습관을 지닐 수 있도록 했다. 못 쓰게끔 막는 법만으로는 비닐봉지 문제가 해결될 수 없으며, 대체할 수 있는 제품과 환경 교육이 중요하다는 것을 보여 준 사례다.

케냐는 세계에서 가장 강력하게 비닐봉지를 못 쓰게 막은 나라다. 관광 산업을 중요하게 여기는 케냐의 관광지인 나이로비 국립공원에서 많은 동물이 비닐봉지를 먹고 죽었기 때문이다. 게다가 방글라데시처럼 비닐봉지가 도시 배수구를 막아서 홍수 피해도 많이 일어났다. 이런 피해를 막으려고 케냐는 2007년부터 일회용 비닐봉지는 만들거나 쓰지도 못하게 했고, 사람들이 이 법을 잘 지키지 않자 2017년에는 비닐봉지를 만들거나 사용하면 감옥에 가거나 벌금을 많이 내도록 엄격하게 규제했다.

케냐의 비닐봉지 금지 정책은 다른 아프리카 국가에도 영향을 미쳤다. 케냐의 비닐봉지 금지 정책을 참고한 르완다는 2008년부터 비닐봉지 사용을 금지하고, 외국에서 온 사람이라고 해도 르완다에 들어올 때 비닐봉지를 가지고 오면 압수했다. 덕분에 '아프리카에서 가장 깨끗한 나라'라는 평가를 듣게 되었다.

우리나라에서는 2019년에 대형마트와 슈퍼마켓에서 일회용 비닐봉지 사용을 금지했다. 2022년부터는 카페나 제과점 같

은 곳에서 일회용품을 사용하지 못하도록 하고 있지만 엄격하
게 지켜지지는 않는다.

　세계 여러 나라에서 비닐봉지를 포함한 플라스틱 사용 금지
정책을 세우고 더 이상 플라스틱 쓰레기가 늘지 않도록 하고 있
지만 여전히 바다는 플라스틱 쓰레기로 골머리를 앓고 있다. 플
라스틱 사용을 법으로 금지하는 것도 필요하지만, 플라스틱을
쓰면 안 된다는 시민 의식이 중요하다. 쓰지 않으면 그만큼 생산
도 줄기 때문이다.

4장

쓰레기 섬을 청소한 십대:

“바다 한가운데에
쓰레기 섬이 있다니까요!”

바다를 가득 채운
비닐봉지

보얀은 여름 방학에 그리스로 가족 여행을 떠난다는 소식을 듣자마자 들뜨기 시작했다. 아름답기로 유명한 지중해 바다에서 스쿠버다이빙을 할 생각 때문이었다. 보얀은 바닷속에서 산호초를 보는 것을 좋아한다.

"이번 방학에는 바닷속에서만 살 거예요. 다른 건 아무것도 하지 못해도 상관없어요."

보얀 말에 아빠는 살짝 놀리는 투로 대꾸했다.

"그러다가 인어가 되어 영영 돌아오지 않는 건 아니냐?"

"글쎄요. 그것보다는 상어와 친해져서 아빠를 물어버릴지도 몰라요."

보얀이 장난으로 협박하는 표정을 짓자, 아빠는 껄껄 웃었다.

"상어와 친구가 된다고? 너라면 충분하지."

아빠의 말처럼 열여섯 살 소년 보얀은 바다를 아주 사랑했다. 보얀은 네덜란드의 작은 마을인 델프트에 살고 있다. 델프트는 아름다운 도시지만 스쿠버다이빙을 할 만한 곳이 없었다. 그래서 보얀에게 이번 그리스 여행이 각별할 수밖에 없었다.

그리스 지중해는 보얀이 상상했던 것처럼 너무나 아름다웠다. 보얀은 해변에 도착하자마자 스쿠버다이빙 장비를 차고 아름다운 초록빛 바다로 뛰어들었다. 바닷속은 땅 위에서 볼 수 없는 많은 해양 생물을 만날 수 있는 세상이었다. 보얀은 바닷속에서 해양 생물들과 인사를 나누면서 짜릿함을 느꼈다. 한창 스쿠버다이빙을 하다가 보얀은 이상한 물체를 마주하게 되었다.

'저게 뭐지?'

투명에 가깝지만 여러 가지 색을 지닌 무언가가 보얀을 스쳐 지나갔다. 해파리처럼 보이기도 했고, 형체가 더 뚜렷한 것도 있었다. 자신을 향해 달려드는 것 같은 괴상한 물체를 들여다보던 보얀은 깜짝 놀랐다. 보얀이 본 것은 다름이 아니라 육지 어디서나 쉽게 볼 수 있는 비닐봉지였기 때문이다. 물고기 사이를 떠돌아다니는 하얀 비닐봉지는 계속 보였다. 얼마나 많은지 해양 생물과 쓰레기를 구분조차 하기 힘들었다.

지중해의 기후 위기

지중해 지역은 기후 위기로 인해 폭염과 가뭄, 산불, 해양 변동 등 복합적인 어려움을 겪고 있다. 단순한 날씨 변화로 일어난 것이 아닌, 기후 위기로 인한 극한 기후와 그에 따른 연쇄적인 반응 때문에 발생한 피해다. 매년 기록적인 폭염이 계속되는 가운데 그리스는 50.5도라는 엄청난 폭염으로 화재 위험을 겪기도 했다. 사진은 기후 위기가 더 심해지면 볼 수 없게 될 그리스 지중해의 바다.

보얀은 한참 주위를 둘러보았다. 마침 한 어른이 주변에서 스쿠버다이빙을 하고 있었다. 아저씨는 눈앞에 보이는 비닐봉지를 손으로 쳐냈다. 지중해가 한없이 깨끗한 바다일 것이라 기대했던 보얀은 크게 실망했다. 얼른 바닷속에서 나가고 싶었다. 인상을 잔뜩 구긴 채 물 밖으로 나오는데, 뒤에서 따라 나오던 아저씨가 웃으며 농담을 건넸다.

"얘야, 여긴 정말 이상하게 생긴 해파리가 많구나."

보얀은 그 말에 웃을 기분이 아니었다. 대신 손에 들고 있던 비닐봉지를 흔들며 답했다.

"이게 해파리라면 저는 천 마리도 넘게 본 거 같아요."

보얀은 비닐봉지를 쥔 채, 가족이 있는 해변으로 돌아갔다.

"오늘 종일 바닷속에만 있겠다더니 빨리 나왔구나."

아빠가 벌써 나오는 보얀을 보며 놀리듯이 말했다. 조금 전과 달리 보얀은 아빠가 하는 농담에도 말이 없었다. 다만 자기가 바다에서 들고나온 비닐봉지를 응시했다.

보얀은 그리스의 바닷속에 사는 갖가지 해양 생물들을 보고 싶었다. 그런 기대와 달리 보얀이 그리스 바다에서 가장 많이 만난 것은 비닐봉지였다.

"대체 왜 바닷속에 있는 쓰레기를 청소하지 않는 거지?"

보얀이 혼잣말로 중얼거리자, 아빠가 무슨 일이냐고 물었다.

“이것 좀 보세요. 저기 바닷속에 비닐봉지 같은 쓰레기가 가득해요.”

아빠는 보얀이 왜 그렇게 빨리 바다에서 나왔는지 알겠다며 고개를 끄덕였다.

“여기는 전 세계 수많은 사람이 찾는 유명한 바다야. 사람들이 많이 오는 만큼 쓰레기도 많이 생길 수밖에 없는 거겠지.”

보얀은 해변에 가득한 사람들을 보며 물었다.

“바다에 이렇게 많은 쓰레기가 떠다닐 때까지 왜 아무도 청소를 하지 않는 거죠?”

아빠는 잘 모르겠다는 표정을 지었다.

“바닷속은 해변보다 청소하기가 훨씬 어려워서 그런 게 아닐까.”

“그래도 누군가는 그걸 해야 하잖아요. 너무 많아서 하나하나 건져낼 수도 없어요. 우리가 집을 대청소하는 것처럼 바다를 대청소할 방법이 필요하다고요.”

아빠도 보얀의 말에 동의한다는 듯이 고개를 끄덕였다. 보얀은 그 뒤로 바다에 떠 있는 플라스틱 쓰레기를 어떻게 하면 청소할 수 있을지 곰곰이 생각했다.

‘바다는 넓고 쓰레기는 너무 많아. 어떻게 해야 저 쓰레기를 한 번에 없앨 수 있을까. 바다처럼 넓은 공간에 있는 쓰레기를

청소하려면 어떻게 해야 하지?'

보얀은 자신이 던진 질문에 만족스러운 답을 찾지 못해 그 생각을 멈출 수 없었다.

'방법이 어딘가에 있을 거야! 바다에 대해 더 알아야 해.'

4장 쓰레기 섬을 청소한 십대:

쓰레기는
왜 모이는 걸까?

　보얀은 방학이 끝나고 학교로 돌아가서도 계속 바다 쓰레기 문제에 관해 고민했다. 바다 쓰레기 문제를 고민하는 것에서 끝내지 않고, 어떻게 해결하면 좋을지 방법도 찾기로 했다. 학교에서 플라스틱 쓰레기를 청소할 방법을 주제로 과학 프로젝트를 해 보기로 한 것이었다. 보얀은 친구들과 바다 쓰레기를 청소할 방법이 없는지 이야기했다.

　"내가 그리스 바다에 갔을 때 해파리처럼 보이는 비닐봉지가 너무 많았거든. 이걸 어떻게 청소해야 하는지 모르겠어."

　보얀과 과제를 함께 하기로 한 친구들도 고개를 끄덕였다.

　"내 생각에도 눈에 잘 보이지 않는 바닷속을 청소하는 건 쉽지 않아. 그래도 어느 바다에 특히 쓰레기가 많은지 알아볼 방법이 있지 않을까?”

친구의 말에 보얀의 눈이 반짝였다.

“맞아! 넓은 바다라고 해도 쓰레기가 주로 몰리는 곳을 안다면 청소하기도 훨씬 쉬울 거야.”

보얀은 시간이 날 때마다 여러 자료를 찾아보았다. 그러다가 인터넷으로 찰스 무어 선장의 강연을 보게 되었다. 찰스 무어 선장은 태평양 한가운데에 아주 큰 쓰레기 섬이 있다는 것을 처음 발견한 사람이다. 쓰레기 섬은 진짜 섬이 아니라 쓰레기가 잔뜩 모여서 하나의 섬처럼 보이는 곳이다. 찰스 무어 선장은 전세계 사람들이 보는 테드 강연에서 바다에 있는 플라스틱 쓰레기가 어떻게 쓰레기 섬을 이루게 되는지를 이야기했다.

“우리가 버리는 많은 쓰레기가 강으로 흘러 들어갔다가 바다로 갑니다. 쓰레기 섬에 있는 플라스틱 병뚜껑이 어디서 이곳으로 오게 되었는지 추적했더니 미국이나 일본에서 온 병뚜껑도 있더군요.”

보얀은 북태평양 동쪽에 있는 미국과 서쪽에 있는 일본에서 버린 쓰레기가 왜 북태평양 쓰레기 섬으로 모여드는지 궁금했다. 답은 찰스 무어 선장에게서 직접 들을 수 있었다. 서로 반대편에 있는 나라의 쓰레기가 한곳에 모이는 이유는 해류 때문이었다. 소용돌이 모양인 해류를 타고 플라스틱 쓰레기가 한 곳에 몰려서 섬처럼 커진 것이다.

"여기 보세요. 플랑크톤보다 플라스틱이 더 많죠?"

찰스 무어 선장이 보여 준 그물에는 플랑크톤보다 플라스틱이 확실히 많았다.

"우리는 물고기 뱃속에서 플라스틱 조각을 발견했습니다. 몇백 번이나 넘게요. 어떤 물고기에게서는 6센티미터가 넘는 플

해류

해류는 바닷속에서 물이 일정한 방향으로 계속 흐르는 현상이다. 바닷물은 한곳에 가만히 있지 않고 수천 킬로미터에 걸쳐 꾸준히 이동한다. 바람이 바다 표면을 밀면서 물이 이동하는 '표층 해류', 물의 온도나 염분의 차이로 생기는 무게 때문에 가라앉거나 떠오르면서 움직이는 '심층 해류'가 있다. 지구의 자전으로 인해 흐르기도 하고, 대륙을 따라 흐르는 경우도 있다.
해류는 따뜻한 물인 '난류'와 차가운 물인 '한류'로 나뉜다. 난류는 차가운 바다를 데우고, 한류는 뜨거운 바다를 식혀 지구의 기후를 조절한다. 난류와 한류가 만나는 곳에는 플랑크톤이 많아져 어장이 만들어진다. 즉 해류는 지구의 기후와 생명을 지탱하는 중요한 현상이다.

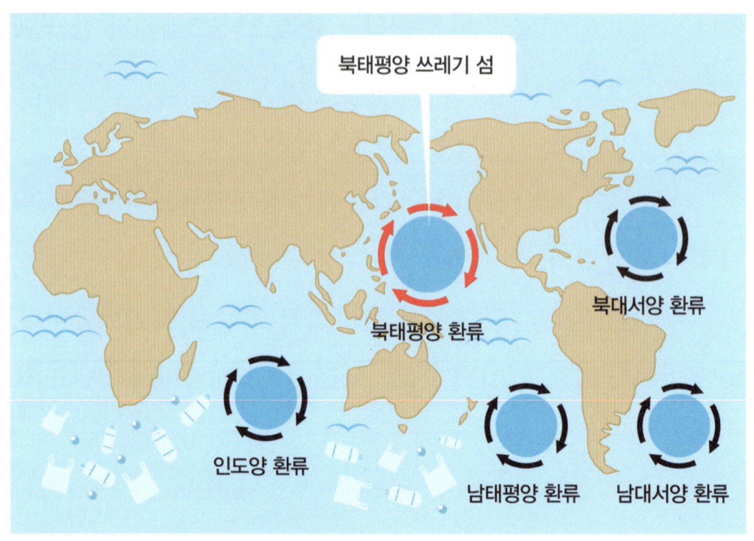

전 세계 해양에 떠 있는 다섯 개의 쓰레기 섬

라스틱 조각이 나왔고, 다른 물고기의 배에서는 84개나 되는 플라스틱 조각이 쏟아지기도 했습니다.”

보얀은 강연을 보고 나서 쓰레기 섬에 대해 더 자세히 알아보았다. 쓰레기 섬은 지구에 다섯 군데나 있고, 그중 가장 큰 곳은 찰스 무어 선장이 발견한 북태평양 쓰레기 섬이었다. 섬에는 어망, 플라스틱 병과 뚜껑, 비닐봉지나 포장지 같은 것들이 잔뜩 모여 있었다.

보얀은 문제가 발생한 곳에 문제를 해결할 열쇠도 있다고 생각했다. 해류가 나선형으로 돌아서 쓰레기를 모이게 했다면,

     4장 쓰레기 섬을 청소한 십대:

쓰레기를 청소할 방법도 그 안에 있을 것 같다고 생각했다.

'해류 때문에 쓰레기가 모이는 걸 이용한다면…….'

그 순간, 고민하던 보얀에게 아이디어가 떠올랐다. 바다를 떠돌던 쓰레기를 한곳으로 몰리게 하는 해류를 이용해 플라스틱 쓰레기를 한 번에 청소할 수 있다고 생각했다.

'그래! 바닷물의 흐름을 이용하면 쓰레기를 몰아서 청소할 수 있을 거야.'

쓰레기가 모이는 곳은 소용돌이가 치는 해류의 중심이다. 소용돌이 한가운데에 모인 플라스틱 쓰레기를 한꺼번에 거둬 낸다면 바닷속 쓰레기를 훨씬 더 빨리 없앴을 수 있을 것 같았다. 보얀은 이 아이디어가 가능한지 더 깊이 연구하고 싶어 친구들과 함께 실험을 해 보기로 했다.

일단
해 보는 거야!

"정말 이 아이디어가 가능할까?"

"해 보자. 해 보지 않으면 알 수 없잖아. 찰스 무어 선장도 직접 사람들을 모아 배를 타고 나가서 쓰레기 섬을 연구했대. 우리도 할 수 있을 거야."

보얀은 친구들과 돈을 모아 그리스 바다로 갔다. 배에서 그물을 던져 플라스틱 쓰레기를 직접 건져 보기 위해서였다. 보얀과 친구들이 일반 그물보다 구멍이 훨씬 촘촘한 그물로 건진 것은 아주 작은 플라스틱과 플랑크톤이었다.

"플랑크톤 말고 플라스틱 쓰레기만 건져 내야 해."

보얀은 문제를 해결할 방법을 미리 생각해 두었다. 원심 분

    4장 쓰레기 섬을 청소한 십대:

리기를 이용해 플랑크톤을 분리하는 방법이었다.

"잘 안 되는데……."

"다시 해 보자. 처음부터 되는 건 없잖아."

보얀과 친구들은 끈질기게 원심 분리기에 매달렸다. 수십 번 넘게 시도한 끝에 마침내 플랑크톤을 따로 분리하는 데 성공했다. 바다를 청소하는 데 필요한 것은 그것뿐이 아니었다. 해류의 원리나 해양 플라스틱의 예상 무게 등 다양한 과학 지식이 필요했다.

보얀은 자신이 생각한 아이디어와 궁금한 점을 적어 여러 대학에 이메일을 보냈다. 답을 주지 않은 데도 많았다. 그래도 몇 군데는 보얀이 보낸 이메일에 답변을 해 주었다. 답변 중에는 친절한 조언도 있었지만, 아이디어가 그다지 현실적이지 않다는 답도 있었다. 때로는 말도 안 되는 아이디어라며 무시하는 답도 있었다. 보얀은 실망스러운 답변을 받아도 좌절하지 않았다.

"안 된다고 말하는 시간에 뭔가를 해 보는 데 시간을 쓰는 게 나아."

보얀은 서툰 부분을 계속 고치면서 아이디어를 발전하면 분명히 가능한 아이디어가 될 것이라는 신념이 있었다.

'말도 안 된다고 생각할 수 있지만 정말로 그물로 바다를 청

소할 수 있다면, 많은 플라스틱 쓰레기를 바다에서 건져 낼 수
있을 거야!'

청소 아이디어를 알리다

열일곱 살이 된 보얀은 델프트 공과대학교 항공우주공학과에 입학했다. 대학에 가서도 보얀은 바다 쓰레기를 치울 아이디어를 계속 생각했다. 그러던 중, 보얀은 아이디어를 세상에 알릴 기회를 잡게 되었다.

"보얀, 너 소식 들었어? 학교에서 테드 행사를 여는데, '널리 퍼져야 할 아이디어'로 누구나 발표를 할 수 있대. 너도 나가 보는 게 어때?"

보얀은 찰스 무어 선장이 강연했던 테드에서 아이디어를 발표할 수 있다는 기대감에 가슴이 부풀어 올랐다. 델프트에서 열리는 테드 행사는 지역에서 열리는 작은 행사였지만 보얀에게는 플라스틱 쓰레기로 몸살을 앓고 있는 바다를 청소할 수 있는 아이디어를 사람들에게 알릴 기회였다.

테드 행사에서 보얀은 첫 번째 발표자로 섰다. 보얀이 발표한 주제는 '바다가 스스로 청소하는 방법'이었다. 보얀은 강연 무대에 올라가 사람들에게 북대서양 아조레스 제도에서 촬영한 사진을 보여 주었다. 바닷속에서 해양 생물이 헤엄치는 사진은 그저 청정한 바다로만 보이지만, 이어지는 사진은 달랐다. 해변이 플라스틱 조각으로 뒤덮인 사진이었다.

"버려진 플라스틱은 시간이 지나면서 태양과 파도로 부서져 작은 플라스틱이 됩니다. 이 플라스틱은 누군가에는 음식처럼 보이죠. 그 결과는 이렇게 됩니다."

보얀은 뱃속이 플라스틱 조각으로 가득 차서 죽은 앨버트로스 사진을 화면에 띄웠다. 작은 플라스틱을 먹는 물살이, 그 물살이를 먹은 큰 물살이, 마침내 플라스틱 조각이 사람에게 오기까지 과정이 담긴 먹이사슬도 함께 설명했다. 보얀은 환경 문제가 멀리 있는 문제가 아니라, 아이들에게 가까이 있는 문제라고 짚었다.

"그냥 청소를 하면 되지 않을까요? 셀 수 없이 많은 종류의 플라스틱 쓰레기를 바다에서 다시 육지로 가져오는 겁니다."

보얀은 강연에서 바다에 있는 플라스틱 쓰레기를 한 번에 청소할 수 있는 아이디어를 이야기했다. 바다 위에 쓰레기 수거 장치를 띄워 해류가 쓰레기를 자연스럽게 모으면 모인 쓰레기를 걷어 내자는 바로 그 아이디어였다. 이전까지는 바다에 있는 쓰레기를 청소하려면 배 뒤에 그물망을 달아 물 위나 수면 아래를 끌며 쓰레기를 수거해야만 했다. 이 방법은 넓은 바다를 청소하기 어렵고, 쓰레기를 청소하려다가 해양 생물까지 잡는 피해가 발생하기도 한다. 게다가 배를 움직이거나 사람을 고용하려면 비용도 많이 든다. 보얀이 생각한 방법은 바람, 해류, 파도의 힘만 쓰는 것이었다.

보얀은 강연에 참석한 사람들에 비해 어렸지만, 자신보다 훨씬 나이 많은 어른들 앞에서 목소리를 높였다.

"약 8만 년이 걸릴 수 있는 쓰레기 청소를 이 아이디어로 단 5년 만에 청소할 수 있습니다."

찰스 무어 선장은 북태평양 쓰레기 섬에 있는 플라스틱 쓰레기를 이전과 같은 방법으로 청소하면 약 8만 년이 걸릴 것이라고 말했다. 보얀은 자신이 생각한 방법으로 계산했을 때 그보다 훨씬 시간을 줄일 수 있다고 주장했다.

발표장에서 보얀은 바다 쓰레기 청소 장비를 새로 설치할 때 드는 비용에 대한 아이디어도 함께 이야기했다. 바다에서 수거한 플라스틱 쓰레기를 팔아서 장비를 만드는 데 든 비용을 해

쓰레기 섬
쓰레기 수거
수거된 쓰레기

결하겠다는 생각이었다. 즉, 자원으로 쓸 수 있는 플라스틱을 재활용하는 것이었다.

"플라스틱이라는 소재를 만들어서 바다를 쓰레기장으로 만든 것은 우리입니다. 그러니 함께 청소할 수 없다는 말은 하지 마세요."

보얀이 마지막 말을 끝내자 수백 명의 관중이 동시에 크게 손뼉을 쳤다.

파도가 자유롭게
헤엄칠 수 있을 때까지

보얀이 테드에서 발표한 내용은 인터넷에 영상으로 올라가 전 세계로 퍼져나갔다. 영상이 수백만 뷰를 기록하고 《CNN》, 《BBC》 같은 유명한 방송에도 나왔다. 보얀이 낸 아이디어가 좋다며 후원을 해 주겠다는 곳도 등장했다.

'난 이 일을 계속하고 싶어.'

보얀은 대학을 그만두고 '오션클린업'이라는 비영리 단체를 세웠다. 열여덟 살에 오션클린업의 창립자가 된 보얀 슬랫은 전 세계 과학자와 해양학자, 엔지니어들의 도움을 받으며 해양 플라스틱 쓰레기 청소 장비를 만들기 시작했다. 보얀과 오션클린업이 하는 일이 알려지면서 보얀은 '유엔환경계획UNEP'의 최고 환경상인 '지구의 챔피언' 상을 받았다. 역대 수상자 중 가장 어린 나이인 열아홉 살 때 이룬 일이었다. 또 보얀은 한국에서 열리는 서울 디지털 포럼에도 참석했다.

몇 년 뒤, 보얀은 해양 플라스틱 쓰레기 장비를 바다에 설치하는 데 성공했다. 이십 대가 된 보얀은 십 대에 바랐던 것처럼 북태평양 쓰레기 섬 청소를 시작했다. 스쿠버다이빙을 하다가 발견한 비닐봉지를 그냥 지나치지 않았던 청소년이 낸 아이디어가 세계에서 가장 많은 바다 쓰레기가 모인 곳을 청소하게 된 것이다.

보얀이 만든 장치는 바다에 나설 때마다 엄청난 플라스틱 쓰레기를 청소하지만, 그렇게 치워도 여전히 바다에는 플라스틱 쓰레기가 가득하다. 아무리 플라스틱 쓰레기를 건져 내도 그만큼 버려지기 때문이다.

보얀은 하루라도 빨리 오션클린업이 필요 없는 세상이 오기

보얀 슬랫의 오션클린업이 하는 일을 더 알고 싶다면!

오션클린업 홈페이지

오션클린업이 바다 쓰레기를 수거하는 모습

를 바란다. 더 이상 오션클린업이 바다를 청소할 필요가 없도록 바다가 깨끗해지고, 아무도 바다에 플라스틱 쓰레기를 버리지 않는 날이 오는 것이 더 좋은 일이라 생각한다.

한 인터뷰에서 기자가 보얀에게 오션클린업이 필요 없는 세상이 오면 어떻게 할 것이냐고 묻자, 보얀은 유쾌하게 답했다.

"우리가 청소한 모든 바다에 스쿠버다이빙을 하러 가야죠."

   4장 쓰레기 섬을 청소한 십대:

일곱 번째 대륙 '플라스틱 쓰레기 섬'

바다는 잠잠해 보이지만 일정한 방향으로 흐른다. 이를 '해류'라고 한다. 해류들이 만나 크게 원을 그리며 시계 방향으로 느릿느릿하게 소용돌이치는 흐름은 '환류'다. 대양처럼 거대한 바다에서 나타나는 현상으로, 환류의 한가운데는 바닷물의 흐름이 약하고 고요하다. 만약 돛단배가 갇히면 앞으로 나아갈 수도 없다. 물고기나 바람도 없어서 '바다의 사막'이라고도 불린다.

쓰레기도 마찬가지다. 바다를 떠돌던 플라스틱 쓰레기가 환류를 타고 중앙으로 모이면 다시 빠져나오지 못하고 갇힌다. 폐어구, 비닐봉지, 일회용 컵과 빨대 같은 가벼운 플라스틱이 둥둥 떠다니다가 모여서 엄청나게 커져 섬처럼 된 것을 '플라스틱 쓰레기 섬'이라고 부른다.

플라스틱 쓰레기 섬을 처음 발견한 사람은 찰스 무어다.

점점 불어나는 태평양 쓰레기섬

1997년, 그는 바다 위에 플라스틱이 둥둥 떠 있는 북태평양 쓰레기 섬을 발견했다. 가까이 가서 보니 일회용 컵이나 비닐봉지처럼 형태가 있는 플라스틱도 있지만 대부분 미세 플라스틱이었다. 찰스 무어는 미세 플라스틱이 수프 속 건더기처럼 떠 있다고 해서 '플라스틱 수프'라고 불렀다. 쓰레기 더미가 모여서 얼마나 클까 싶지만 북태평양 쓰레기 섬의 크기는 자그마치 우리나라보다 16배나 더 크다. 거대한 플라스틱 쓰레기 섬은 한 곳이 아니다. 북태평양 말고도 남태평양, 북대서양, 남대서양, 인도양

바깥에 3개월 노출된 후 약 2000조각으로 분해된 녹색 비닐봉투

에도 한 곳씩 있다.

세계 여러 나라에서 매년 바다로 흘러가는 플라스틱 쓰레기는 1100만 톤이나 된다고 한다. 이렇게 바다로 흘러 들어온 플라스틱 쓰레기는 땅에 있을 때보다 훨씬 위험하다. 땅에는 균이나 박테리아가 있어서 열이 많이 나오고, 햇빛도 있어서 바다보다 플라스틱이 빨리 분해될 수 있다. 온도가 높아지면 화학 반응 속도가 빨라지고, 햇빛을 받으면 광분해가 일어나 플라스틱 분해가 빨라진다. 또 플라스틱이 분해되려면 산소가 필요하다. 하

지만 바닷속에는 산소가 적어서 플라스틱은 거의 분해되지 않는다.

바다로 흘러 들어간 플라스틱 쓰레기가 파도나 햇빛으로 잘게 부서지고 쪼개지면 미세 플라스틱이 된다. 미세 플라스틱을 먹이인 줄 알고 플랑크톤이 먹고, 미세 플라스틱이 쌓인 플랑크톤을 물고기가 잡아먹으면 결국 사람의 배에 미세 플라스틱이 쌓이게 된다. 하루에 사람이 먹는 미세 플라스틱이 2000개 정도 된다는 연구 결과도 있다. 무게로는 한 달에 칫솔 한 개 무게인 21그램 정도를 먹고 있는 셈이다.

물론 우리 몸에 들어온 미세 플라스틱 대부분은 오줌이나 똥, 땀으로 배출된다. 하지만 앞에서 우리가 만난 해양 생물들 사연처럼 뱃속에 남아 있기도 한다. 미세 플라스틱은 작아서 위험이 덜 할 것 같지만, '죽음의 알갱이'라고 부를 정도로 우리 몸에 여러 가지 나쁜 영향을 끼친다. 특히 작아도 너무 작은 나노 플라스틱은 우리 핏줄과 신경계를 타고 돌아다니며, 몸속에 염증을 일으키고 뇌에도 나쁜 영향을 줄 수 있다.

파도가 자유롭게 헤엄칠 수 있게

초판 1쇄 발행 2026년 1월 30일

지은이 | 공주영
그린이 | 김일주
펴낸이 | 김연우
펴낸곳 | (주)태학사
등록 | 제406-2020-000008호
주소 | 경기도 파주시 광인사길 217
전화 | 031-955-7580
전송 | 031-955-0910
전자우편 | thspub@daum.net
홈페이지 | www.thaehaksa.com

편집 | 조윤형 여미숙 김태훈
마케팅 | 김민선
경영지원 | 김영지

ⓒ 공주영 2026. Printed in Korea.

값 16,800원
ISBN 979-11-6810-422-8 43400

"주니어태학"은 (주)태학사의 청소년 전문 브랜드입니다.

책임편집 김태훈
디자인 이유나